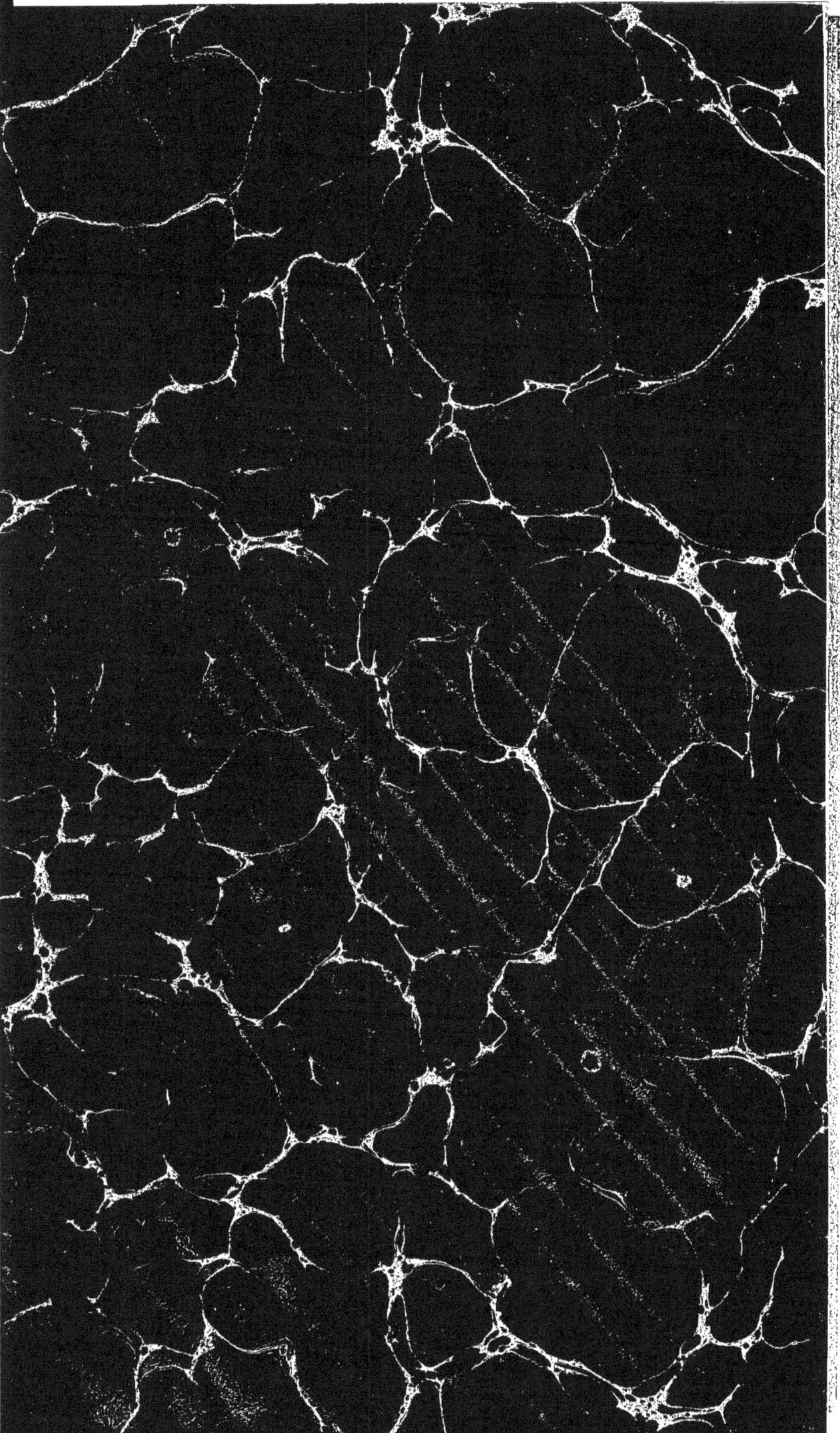

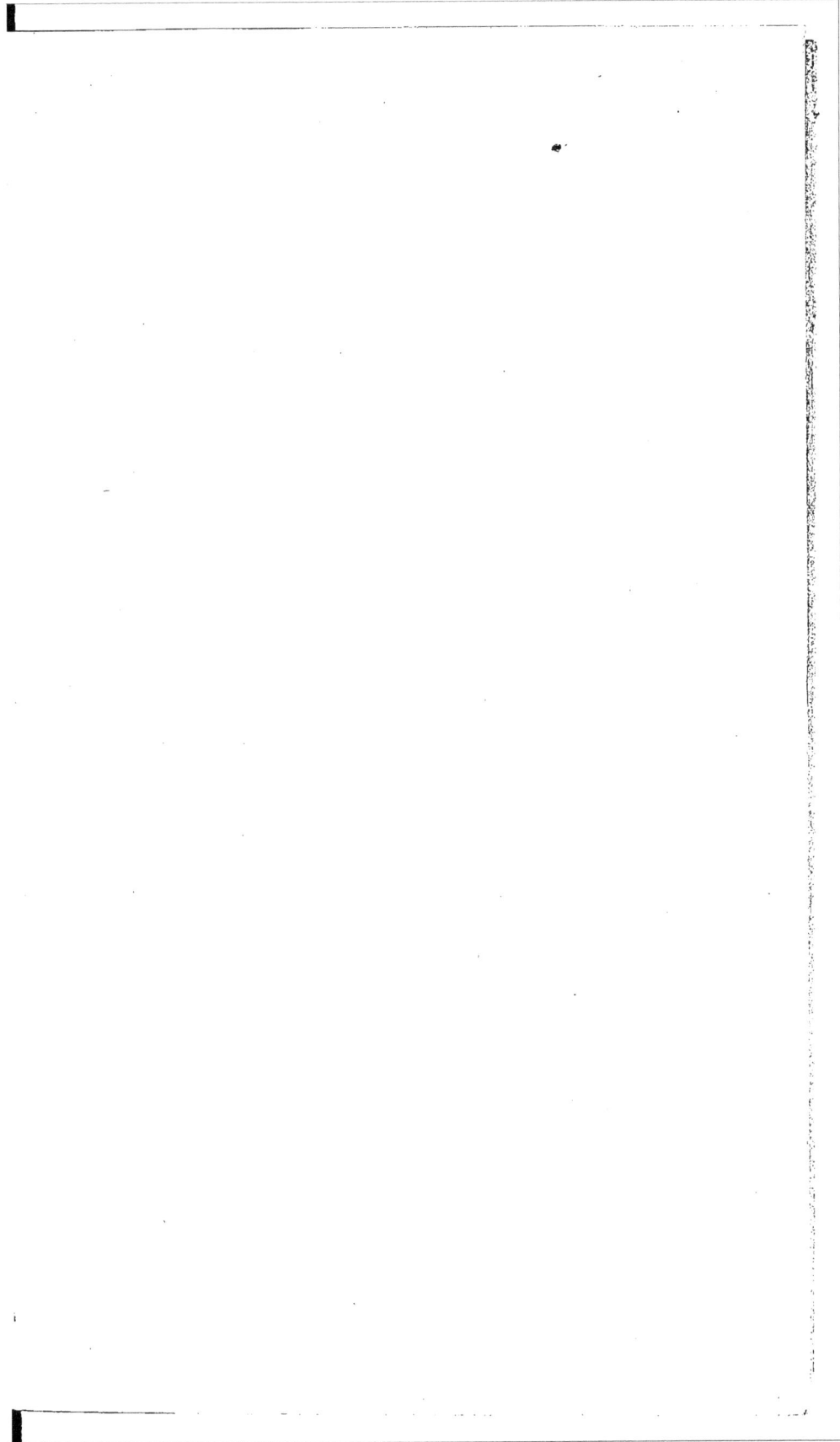

TRAITÉ

PRATIQUE ET EXPÉRIMENTAL

DE

BOTANIQUE.

TOME TROISIÈME.

ATLAS.

« *Quas vellent esse in tutelâ suâ, divi legerunt plantas.*
» *Nisi utile est quod facimus, stulta est gloria.* »

(PHÆD. lib. 3. fab. 17.)

« Les dieux prirent les plantes sous leur protection.
» Toute gloire est folie, si le travail qui la procure est inutile. »

TRAITÉ
PRATIQUE ET EXPÉRIMENTAL
DE
BOTANIQUE
HISTOIRE NATURELLE

Des plantes, arbres, arbrisseaux, sous-arbrisseaux, arbustes, herbes, gazons, mousses, algues, champignons, moisissures et végétaux, croissant sur la surface du Globe terrestre ou fossiles.

comprenant :

La description de DEUX MILLE plantes les plus usitées en médecine humaine et vétérinaire, dans les sciences, les arts, l'industrie, l'agriculture, l'horticulture, l'économie domestique ; et un volume de planches formant un ATLAS COMPLET ET PORTATIF, qui représente, d'après nature, au moins DOUZE CENTS SUJETS BOTANIQUES, par des figures susceptibles d'être coloriées.

PAR

M. le chanoine CLAVEL de Saint-Geniez,

Naturaliste, Médecin reçu à la faculté de Paris, auteur du *Médecin du corps et de l'âme*, de l'*Almanach annuel de la santé*, de l'*Histoire chrétienne des diocèses de France*, et autres ouvrages de médecine, de religion ou d'histoire naturelle, etc., etc.

PARIS,
CHEZ LOUIS VIVÈS, LIBRAIRE-ÉDITEUR,
23, RUE CASSETTE, 23.

1855.

Paris. — Imprimerie de Cosson, rue du Four-Saint-Germain, 43.

ATLAS BOTANIQUE

DU

TRAITÉ EXPÉRIMENTAL ET PRATIQUE DES PLANTES,

PAR

M. le Chanoine CLAVEL, Médecin-Naturaliste.

PRÉAMBULE DE CE VOLUME.

« *Quas vellent esse in tutelâ suâ, divi legerunt plantas.*
» *Nisi utile est quod facimus, stulta est gloria.* »
(PHÆD., lib. 3, fab. 17.)

« Les dieux prirent les plantes sous leur protection.
» Toute gloire est folie, si le travail qui la procure est inutile. »

Depuis longtemps les hommes intelligents et studieux, qui, dans toutes les classes de la société, s'appliquent à la connaissance des sciences utiles et agréables, réclamaient un ouvrage de *botanique*, pouvant, par la modicité de son prix et par le bon esprit avec lequel il serait rédigé, comme par la clarté et l'exactitude de son exposition, entrer dans *toutes les bibliothèques;* dans celle du *prêtre*, ainsi que dans celle des *châteaux* et de la *bourgeoisie*, des *instituteurs* et des *fermiers*, des *pharmaciens*, des *médecins*, des *vétérinaires*, des *herboristes;* en un mot, dans la bibliothèque de toutes les personnes qui, par goût ou par état, peuvent étudier elles-mêmes la *botanique usuelle*, *pratique*, *utile*, *agréable*, *facile*, *générale*, *spéciale*, *régionale*, *locale*.

Nous croyons répondre à ce vœu en publiant ce nouvel ouvrage de botanique en 3 volumes in-8°, dont 2 de texte et 1 volume de planches qui représentent *les sujets les plus importants* de tout *le Règne végétal* et d'après nature, dans toutes leurs parties constituantes : *graines*, *racines*, *tiges*, *branches*, *feuilles*, *fleurs*, *fruits*, *fibres*, *parenchimes*, *tissu cellulaire*, *aubier*, *écorces*, *moëlles*, etc., suivant la marche de PITON DE TOURNEFORT, modifiée par les données de la révélation biblique, trop négligée des naturalistes:

quoiqu'elle ne craigne pas les découvertes des systèmes subséquents de *Linné*, *Jussieu*, *De Candole*, *Achille Richard*, *Endlicher*, et autres botanistes célèbres dont les théories n'excluent pas l'*Echelle sériaire;* c'est-à-dire :

I. LA SÉRIE UNIVERSELLE ET NATURELLE DU RÈGNE.

II. LA CLASSE MÉTHODIQUE DU SYSTÈME ADOPTÉ POUR L'ÉTUDE DE LA SÉRIE.

III. LA TRIBU : *Première division*, régionnaire et naturelle ou de groupe.

—IV. LA FAMILLE : *Seconde division*, élémentaire, pivotale de *la série* et illimitée, pour l'accroissement de toutes les découvertes faites en botanique.

V. LE GENRE : *Troisième division*, constitutive de la famille.

VI. L'ESPÈCE : *Quatrième division*, radicale et collatérale à la famille.

VII. LA VARIÉTÉ : *Cinquième division*, extrême ambiant, ou terme décurrent de la famille.

Suivant une partition très ancienne des végétaux en Europe et en France, on les classait régionalement dans quatre catégories : ceux qui croissent dans les pays de l'*olivier;* ceux du pays de l'*oranger;* de la *vigne;* et du *pommier*.

Typographiquement, ce traité de botanique contient les *dix parties* ou paragraphes suivants :

1° L'exposition des principes, des méthodes botaniques, de l'organographie, de la physiologie, de l'anatomie des plantes, et tout ce qui concerne les connaissances préliminaires pour l'étude du règne végétal.

2° Une *Notice historique* sur l'origine, la marche et les progrès des études en botanique à travers les siècles, depuis les temps les plus rapprochés de la création jusqu'à nos jours.

3° L'*horloge et le calendrier de Flore*, tels qu'ils ont été dressés par le célèbre naturaliste Von Linné, avec tous les perfectionnements que d'autres savants y ont apportés depuis; et son explication, claire, nette, précise.

4° La nomenclature des *tribus* et des *familles* connues jusqu'à ce jour, qui composent la longue *série du règne végétal*, dont le nombre des espèces approche de CENT MILLE, en 1854, et s'accroît chaque jour de plus en plus.

5° La description de tous les détails d'un individu de ce règne, étudié dans toutes ses parties constitutives, comparées aux parties constitutives d'une autre individu de chacune des catégories qui composent la *série*.

6° La description en *ligne directe* et sans ambages *réticulaires*, par *numéros d'ordre*, depuis *un* jusqu'à près de *deux mille*, d'une *colonne serrée* des espèces végétales les plus usuelles, indigènes ou acclimatées en Europe, et considérées aux divers points de vue de leur emploi : en *médecine* humaine ou vétérinaire, dans les sciences, les arts, l'industrie, le commerce, l'agriculture, l'économie domestique.

7° La manière et les moyens de former un *herbier*, les règles de la dessiccation des plantes, afin que chacun puisse se procurer par l'étude de la botanique, dans sa bibliothèque même, un *jardin sec* et *verdoyant* à la fois pour toutes les saisons de l'année.

8° Une première *table alphabétique*, raisonnée, méthodique, tout à fait simple, contenant des observations utiles, placée à la fin du texte pour indiquer la *page*, l'*article*, la *planche*, le *dessin* uni ou *colorié* de chaque espèce de plantes dont la figure est représentée dans ce *Traité de botanique*, et de toutes les plantes qui y sont décrites, en même temps que la nomenclature des familles et des termes de la taxonomie botanique.

9° Le 3e volume, qui est celui-ci, disposé en atlas portatif, contenant CENT CINQUANTE-DEUX PLANCHES et plus de *douze cents sujets* ou *parties remarquables des plantes*, a l'avantage de pouvoir être consulté dans les promenades d'herborisation, comme *dans le cabinet du botaniste*. Parmi ces planches, CENT sont susceptibles d'être *coloriées* pour les personnes qui, en ajoutant le prix du coloris, désirent avoir ainsi les *plantes d'un grand usage*, qu'on peut se procurer difficilement à cause de la distance des climats.

10° Enfin, une seconde *table explicative des planches et des figures* qui composent l'*Atlas botanique*, accompagne cet atlas et le précède, afin que les lecteurs puissent en mesurer l'*étendue* et l'*utilité*, par un premier coup d'œil, avant d'en entreprendre l'étude approfondie, en parcourant la série des végétaux représentés.

De telle sorte qu'il est impossible au lecteur le moins expérimenté dans la *science botanique*, d'être embarrassé, lui-même, *tout seul*, dans les recherches si multipliées auxquelles donne lieu l'*usage habituel de toutes les plantes utiles* ou *agréables*.

D'ailleurs, en parcourant ce *Traité expérimental de botanique* pour y puiser des connaissances sur l'usage le plus général des plantes, *le lecteur religieux* s'apercevra que l'auteur n'a pas négligé de rattacher au spectacle ravissant des merveilles de l'histoire naturelle, le sentiment de reconnaissance qu'elles doivent exciter de la part de l'homme envers le divin Créateur. Et ce noble sentiment, si capable de satisfaire l'esprit, le cœur et l'âme, en réveillant l'idée de notre *immortalité future*, ne saurait manquer d'être une consolation ineffable pour la vie actuelle, mêlée de ronces et d'épines poignantes parmi la multitude innombrable de fleurs semées avec tant de profusion sous nos pas.

Les dieux, dit Phèdre, dont nous reproduisons volontiers la pensée, *choisirent les plantes pour les avoir sous leur protection spéciale : et toute gloire qui n'est pas utile à la société n'est que folie !* Telle était l'opinion des peuples, au sein même du paganisme, et avant que *la religion chrétienne* eût été prêchée aux hommes, pour leur apprendre à être modestes en présence des merveilles de la nature.

Abbé CLAVEL, chanoine,

Naturaliste, Médecin reçu à la Faculté de Paris.

TABLE EXPLICATIVE

Des planches et des figures contenues dans cet atlas botanique.

1. PLANCHE Ire. *Onze dessins* : Première phase de l'HORLOGE DE FLORE, ou *travail des plantes* pendant *les heures du jour*, dont la description détaillée se trouve au troisième paragraphe du *premier volume de texte*. Il y a *onze figures de plantes*, qui répondent aux *heures du jour* pendant la plus belle saison de l'année, c'est-à-dire depuis *trois heures du matin* jusqu'à *neuf heures du soir*, suivant l'ordre de

leur *épanouissement au soleil*. Onze *dessins* de cette planche peuvent être coloriés.

2. PLANCHE II. *Dix dessins : Deuxième phase de l'*HORLOGE DE FLORE, ou *sommeil des plantes*, pendant les heures de la nuit, dont la description détaillée et la théorie se trouve aussi au *premier volume de texte*. Il y a *dix figures*, qui répondent aux *heures de la nuit*, pendant la plus belle saison de l'année; c'est-à-dire depuis *dix heures du soir* jusqu'à *quatre heures du matin*, suivant l'ordre de leur *épanouissement au clair de lune*. Elles peuvent être coloriées.

3. PLANCHE III. *Huit dessins* : — 1. Feuille peltiséquée, dont les parties sont séparées comme celles du trèfle. — 2. Feuille trifoliée, qui est divisée en trois parties. — 3. Feuille palmatilobée, ou faite en forme de palme, par la combinaison des nervures et du parenchyme. — 4. Pointe d'asperge, qu'on appelle *turion*, ou bourgeon de plante vivace, nourri par la racine persistante, stationnaire pendant l'hiver, et qui pousse au printemps, épais et charnu. — 5. *Feuille palmatipartite*, dont le parenchyme est divisé et séparé des nervures. — 6. Feuille digitée, dont les palmes sont placées sur un pétiole, comme les doigts à la main. — 7. *Rhizome* du scirpe des marais : on appelle ainsi les branches souterraines qui se développent sous terre avec des radicules, ou prolongements fibrilles, comme les scirpes, les iris. — 8. Rhizome d'iris.

4. PLANCHE IV. *Cinq dessins* : — 1. Aigrette à poils simples, comme dans les scabieuses, les chardons, les pissenlits. — 2. *Cime dichotomique* : ramification de plusieurs paires de feuilles, de l'aisselle de chacune desquelles part un axe secondaire, dont le sommet porte aussi une fleur centrale et deux feuilles, une de chaque côté. — 3. Ovaire podogyne, comme dans le câprier. — 4. Corolle en entonnoir, comme dans la fleur du fuchsie. — 5. *Thyrse* : on appelle ainsi une *grappe* renflée au milieu ou à la base comme dans le marronnier d'Inde.

5. PLANCHE V. *Sept dessins* : — 1. *Sarracenia*. — 2. *Népenthes*; la queue de la feuille appelée *pétiole*, peut se rouler des deux côtés, se souder par les bords et former une sorte de cornet : alors le végétal présente le singulier

pétiole des *népenthes* et des *sarracenia*. — 3. *feuille penninerve* : on y trouve une nervure médiane, qui est le prolongement du pétiole ou queue de la feuille, de laquelle partent des nervures secondaires. Les feuille penninerves sont les plus communes de toutes parmi les végétaux. — 4. Étamines monadelphes. — 5. Etamines polyadelphes. — 6. Étamines synanthérées. — 7. Etamines diadelphes. Ces termes sont expliqués au Ier vol.

6. PLANCHE VI. *Cinq dessins* : — 1. *Vaisseau annulaire* dans lequel les raies transversales figurent les barreaux d'une échelle, ce qui les a fait nommer aussi *vaisseaux scalatifères*. — 2. *Calathide* : fleur élargie en forme de plateau, comme dans la paquerette, le soleil, l'artichaut. — *Trachée* composée de *vaisseaux annulaires et réticulés*, qui forment un tube membraneux par des anneaux ou cercles roulés en spirale continue. — 4. *Vaisseaux réticulés*, parce qu'ils ressemblent aux mailles d'un filet de pêcheur et se présentent comme criblés de petits points, visibles souvent à l'œil nu et sans le secours du microscope.

7. PLANCHE VII. *Trois dessins* : — 1. Fruit de l'*oranger*, coupé transversalement de manière à montrer les neuf compartiments de sa chair avec les graines qu'ils renferment. — 2. Feuille ailée paripennée, qui se compose d'un certain nombre de folioles paires terminées par une foliole impaire, comme le buis, la réglisse. — 3. La grande flouve, antoxanthe odorant des botanistes : belle graminée à fleur d'un jaune pâle.

8. PLANCHE VIII. *Sept dessins* : — Cime scorpioïde du myosotis, avec avortement ou irrégularités de développement dans l'inflorescence dichotomique. — 2. Racine fusiforme. — 3. Racine napiforme. — 4. Corymbe : lorsque dans l'inflorescence les axes s'allongent d'autant plus qu'ils sont plus inférieurs et que les fleurs sont toutes égales, à la même hauteur, c'est un *corymbe*, par exemple, dans l'*alisier des bois*. — 5. *Ombelle* : assemblage de fleurs disposées en parasol, comme dans la carotte ou le panais. — 6. Fleur complète, bisexuelle, ayant des *pistils* en même temps que des *étamines*. — 7. *Spadice*, de presle tuyautée. Il porte sur le même axe des fleurs mâles en haut et des fleurs femelles en bas.

9. PLANCHE IX. *Cinq dessins.*—Nostoc bleu : expansion gélatineuse ; les nostocs sont ces masses de gelée qu'on voit par les temps humides sur les bords des chemins et dans les jardins. — 2. Feuille crépue ou crispée, dont le parenchyme se développe avec excès, et la feuille se boursouffle. — 3. Feuille dentée, dans laquelle le degré inégal du parenchyme qui entoure les nervures, forme une espèce de scie autour de la feuille. — 4. Racine simple. — 5. Fuchsie ou *fuchsia* à fleurs rouges, belle plante d'ornement et de parterre, dédiée à Léonard Fuchs, botaniste allemand.

10. PLANCHE X. *Trois dessins :* — 1. Arille ou renflement charnu qu'on observe au sommet de la graine de quelques plantes, du ricin, par exemple, mais plus clairement comme ici, dans le muscadier. — 2. Cône de sapin. — 3. Genévrier commun.

11. PLANCHE XI. *Trois dessins :*— 1. Feuille entière, c'est-à-dire dont le parenchyme s'étend beaucoup entre les nervures et les unit complétement jusqu'à leurs extrémités. — 2. Sicône du *figuier.* — 3. Branche de figuier cultivé dans le Midi de la France : tiges, feuilles, fruits, bourgeons.

12. PLANCHE XII. *Trois dessins :* — 1. Gousse articulée. —2. Nostoc commun ; en Chine, on fait des potages assez nourrissants avec les nostocs. — 3. *Plantain d'eau.*

13. PLANCHE XIII. *Deux dessins :* — 1. Le cornaret, *martinia diandra.* — 2. Rhododendron ou Coquette de Paris.

14. PLANCHE XIV. *Quatre dessins :* — 1. Anadiomène étoilée ; expansions vertes sur les bords de la mer ou des rivières, se prenant aux cailloux.—2. *Vaisseaux d'une tige de monocotylée*, dans lesquels la moelle forme un cylindre assez régulier. Ils présentent des *trachées*, des vaisseaux ponctués, allongés en fibres, un amas de vaisseaux latifères. Ils changent d'épaisseur et de structure à des hauteurs différentes, ils ne se séparent jamais en deux portions, l'une pour le système ligneux, l'autre pour le système cortical. — 3. *Grappe :* parmi les inflorescences indéfinies, lorsque les axes sont terminés chacun par une fleur, et que l'inflorescence s'arrête à chaque axe de même longueur, c'est ce qu'on appelle *grappe* comme dans l'*épine-vinette.* — 4. La carmantine, *justicia medonelliæ*, acanthacées.

15. Planche xv. *Trois dessins* : — 1. Bulbe tuniqué, qu'on rangeait à tort parmi les racines; c'est une modification de la tige des plantes vivaces, qui dans sa portion enterrée, produit latéralement un *bourgeon* épais et charnu au centre. Il est tuniqué lorsque ses gaînes enveloppent complétement la base de la tige, comme dans l'*ognon*. — 2. Fruit du pommier, coupé transversalement de manière que ses cinq graines se voient au milieu du mésocarpe. — 3. *Jubœa spectabilis.*

16. Planche xvi. *Cinq dessins* : — 1. *Chaton* de noisetier : le chaton est un épi composé uniquement de fleurs mâles et de fleurs femelles. — 2. Coupe transversale de cellules cubiques, qui partagées, soit verticalement, soit horizontalement, donnent toujours des carrés égaux. — 3. Cellules rapprochées ou utricules polyédriques, ce qui arrive quand le *tissu cellulaire* d'une plante se resserre prennant des figures diverses. — 4. Cellule dodécaédrique, qui donne dans un sens un carré, et dans le sens contraire, un hexagone. — 5. Phlox triomphant, l'une des plus belles plantes, très ressemblante à la saponaire, sur laquelle on peut étudier le phénomène de la respiration des végétaux.

17. Planche xvii. *Un seul dessin* : — 1. Radicules.— 2. Bulbes.—3. Feuilles naissantes.—4. Tige.—5. Fleurs. *Lœlia majalis.*

18. Planche xviii. *Quatre dessins* : —1. Feuille peltinerve, ou à nervures, qui partent en rayonnant sur un seul plan, oblique par rapport au pétiole. Telles sont les feuilles de la capucine. — 2. Corolle campanulée. — 3. Feuille palmatifide, dont la précision du parenchyme, combiné avec celle des nervures, présente une agglomération de palmes analogues à la patte d'oie. — 4. *Chevalière ornée* : magnifique plante des prairies marécageuses.

19. Planche xix. *Six dessins* : — 1. Bourgeons de lilas qui paraissent à l'aisselle des feuilles à l'époque où la végétation est dans son plus grand état de vigueur et d'activité. — 2. Arille de noix muscade. — 3. Cotylédons du noyer. — 4. *Feuille triplinerve,* c'est-à-dire que deux ou quatre des nervures inférieures secondaires sont plus fortes que les autres et presque aussi grosses que la nervure centrale. Cette forme de feuille conduit à la *quintuplinerve*, pl. 42.

— 3. Feuille pennatiséquée, qui a cinq ou six dents, formées par le parenchyme et les nervures.

20. Planche xx. *Sept dessins* : — 1. Gousse articulée. C'est un légume, ou fruit simple et sec, qui s'ouvre en deux valves par le milieu des deux sutures. — 2. Samare. — 3. Coupe longitudinale du *tissu cellulaire* d'une plante. Ce *tissu* peut être considéré comme servant de base à l'*organisation végétale,* telle que Jussieu la décrit dans ses *Éléments de botanique.* — 4. *Feuille pédalinerve* : elle a une nervure centrale, qui reste fort courte, au lieu que deux nervures latérales se développent de manière à imiter deux pédales de piano. C'est ce qu'on observe dans la feuille de l'hellébore. — 5. Gousse simple, ou fruit sec de légumineuses. — 6. *Freycinetie de Cuming* : sujet magnifique pour étudier l'*inflorescence.* — 7. Gousse cloisonnée.

21. Planche xxi. *Un seul dessin* : — 1. Radicules. — 2. Bulbes. — 3. Feuilles. — 4. Tige. — 5. Branches fleuries. — 6. Fleur séparée. *Oncidium leucochilum*, ou oncidie, plante commune en Afrique sur le territoire de l'antique Carthage.

22. Planche xxii. *Deux dessins* : — 1. Fleur de la Passion, *passiflora edulis* : tige, feuilles, fleurs et fruits. Excellente plante pour l'étude des propriétés et proportions chimiques des végétaux. — 2. Camélia du Japon.

23. Planche xxiii. *Trois dessins* : — 1. Stigmate plumeux, comme dans les graminées. — 2. Feuille *oblique* ou *inéquilatérale,* parce que la nervure principale n'occupe pas le milieu de la feuille. — 3. Plantain à grandes feuilles : racines, feuilles, tiges, fleurs et graines.

24. Planche xxiv. *Trois dessins* : — 1. Corolle et pistils. — 2. *Calice en casque*, comme dans les gueules-de-lion. — 3. Eupétale de Lindley avec son bulbe.

25. Planche xxv. *Six dessins* : — 1 et 2. Plantes maritimes dont ont fabrique la potasse, *champia lumbricalis.* — 3. Moisissures sur bois trouvé dans la mer. — 4. *Sargasse commun*, c'est le genre le plus élevé de l'ordre des algues : on l'appelle aussi *fucus natans,* raisins des tropiques. — 5. Groseiller sanguin : tige, fleurs et fruits. — 6. Fucus serratus, végétal maritime dont la couleur est oli-

vâtre, parce qu'il contient de l'*iode;* on en fait le sous-carbonate de soude ou *soude de varech.*

26. PLANCHE XXVI. *Six dessins :* — 1. *Claudea elegans*, algue maritime, ayant des expansions membraneuses qu'on peut comparer à une agglomération des serpes émoussées. — 2. *Amansia*, algue membraneuse, traversée par une côte ou nervure qui sépare par le milieu ses dentelures. — 3. Laminaire sucrée : sorte d'algues coriaces d'un vert foncé roussâtre, se terminant en une lame simple, plane, sans nervures, recouverte d'efflorescence farineuse et blanchâtre, qui est le principe sucré. Cette plante acquiert quelquefois, même sur les côtes maritimes de France, une longueur de 3 mètres. Les stipes de laminaire sont un combustible. — 4. Catenella opuntia : *la chaînette*, algue salée et iodée est bonne pour guérir du goître; en infusion. — 5. *Lomentaria squarrosa*, algue cylindrique, celluleuse, enduit de mucilage doré et pourpré. — 6. Chætophora elegans, algue gélatineuse composée de filaments articulés et rameux, partant d'une base commune, prolongements soyeux et diaphanes, en forme de grains de chapelet.

27. PLANCHE XXVII. *Cinq dessins :* — 1. Chorea rameuse : mousse qui présente des filaments flexibles, filiformes, cou verts de ramules. — 2. Clématite violette. — 3. Botrytis polyspora : filaments simples ou rameux, ou très petites moisissures qui naissent sur des corps divers. — 4. *Zonaria pavonia*, algue coriace à feuille de paon.

28. PLANCHE XXVIII. *Cinq dessins :* — 1. Pelargonium *impératrice des Français*, plante originaire d'Afrique; le genre se rapproche de la pensée. — 2. *Mousse*, qui croît dans les *têtes de morts*, dont elle porte le nom. — 3. Himantia candida : parasites en filaments qui germent dans les caves, sur le bois ou sur les feuilles humides. 4. Ulve intestinale, ou boyau de mer. Cette plante offre l'exemple rare d'un genre qui habite à la fois la terre, les eaux douces et les eaux salées. Plusieurs sont employées comme aliment. La tortue marine en est friande et la préfère à toutes les autres algues. — 5. *Protococcus nivalis*, l'algue des neiges, parce que la neige rouge des Alpes est produite par des myriades de ce végétal. Il colore quelquefois certaines parties de la mer en rouge de sang.

29. PLANCHE XXIX. *Trois dessins :* — 1. Coralline officinale. — 2. Delessertia, algue cylindrique à rameaux foliacés d'un beau rose, avec nervures latérales, obliques et parallèles entre elles. — 3. Le poivrier noir.

30. PLANCHE XXX. *Cinq dessins :* — 1. *Hydrogastrum granulatum*, moisissure commune sur la terre humide, dans les allées et sur les bords des fossés. — 2. Moisissures qui naissent sur le bois en forme de petits champignons. — 3. Ozonium : filaments arrondis, rameux, fongosités jaunâtres, en forme de champignons, qui naissent dans les lieux obscurs. — 4. Polysaccum crassipes : champignon de l'ordre des plantes agames : malfaisant. — 5. Asaret ou cabaret d'Europe, c'est l'un des végétaux fossiles qu'on trouve le plus fréquemment dans les couches de terrain houiller.

31. PLANCHE XXXI. *Six dessins :* — 1. *Chondrus crispus*, employé dans les affections de poitrine pour remplacer le lichen d'Islande. — *Torula antennata*, productions noirâtres, à articles contigus, opaques, caducs et comme incrustés sur les végétaux morts. — 3. Roseau d'eau, *hydrodyction pentagonum :* espèce de sac réticulé qui croît au fond des fleuves, des rivières ou de la mer. — 4. Torula blanche, criptogame fossile, incrusté en forme de branche de sapin sur du bois pétrifié. — 5 et 6. Raisin d'ours : *Phytolacca decandra.*

32. PLANCHE XXXII. *Six dessins :* — 1. *Heliomices elegans*, champignons très fragiles, feuilletés, qui naissent sur les bois humides, derrière les portes des caves. Il faut éviter d'en manger : sans être vénéneux, ils sont drastiques, très purgatifs. — 2. *Codium elongatum*, mousse allongée, soyeuse, branchue, d'un vert jaunâtre. — 3. Mousse vermiculaire, elle croît au fonds des lacs. — 4. *Gigartina acicularis :* sorte de mousse de Corse différente de l'*helminthocorton*. — 5. *Nostoc commun*, sorte d'incrustation végétale, qu'on trouve sur les rochers humides, dans les forêts, autour des fontaines. — 6. *Lyngbya muralis*, chevelure des murailles, filaments délicats à tube continu formant une espèce de mousse sur les vieux murs.

33. PLANCHE XXXIII. *Quatre dessins :* — 1. Dionée ou

attrape-mouches. Cette plante est remarquable parce qu'elle met en défaut les *systèmes de Jussieu et de Candole,* qui n'ont pu la classer dans leurs divisions. — 2. *Cupule* ou bractées imbriquées, qui se soudent intimement et forment un corps dur, compacte, comme dans le gland du chêne. — 3. *Involucre :* on appelle ainsi les *bractées* ou feuilles supérieures qui sont le plus près de la fleur. Elles forment une sorte de calicule ou petit calice qui enveloppe plusieurs fleurs, comme dans l'œillet. — 4. *Glume* : on la voit dans les graminées, et il faut la ranger dans les bractées, comme l'a fait M. Auguste Saint-Hilaire dans sa *Morphologie végétale.*

34. PLANCHE XXXIV. *Cinq dessins :* —1. Silique, ou fruit sec et biloculaire, où les semences sont attachées dans chaque loge, sur les deux bords d'une fausse cloison, qui s'ouvre en deux valves. — 2. *Ovaire gynobasique,* comme dans les labiées et les boraginées, partagé en un certain nombre de lobes. — 3. Cône de pin maritime. — 4. Licaste baumier. — 5. Silique ronde.

35. PLANCHE XXXV. *Six dessins :* — 1. Aigrette à poils rameux. — 2. *Corolle* tubulée : partie de la fleur qui entoure immédiatement les organes de la reproduction. — 3. Calice éperonné, comme dans la capucine. — 4. Nervures épineuses : organes transformés qui occupent la place de ceux qu'ils représentent. On les distingue des aiguillons et des poils qui dependent de l'épiderme. — 5. *Tubercule* de topinambour : branche de plante qui se développe sous terre et se raccourcit, s'épaissit, devient charnue par l'augmentation des cellules féculifères, qui constituent une masse arrondie ou piriforme, comme dans la pomme de terre ou le topinambour. —6. Corolle éperonnée.

36. PLANCHE XXXVI. *Un seul dessin :* — 1. Tige. — 2. Feuilles. — 3. Fleurs. — 4. Baies. Le tamanier ou sceau de la Vierge et de Notre-Dame.

37. PLANCHE XXXVII. *Sept dessins :* — 1. Corolle papillonacée, comme celle des pois. — 2. *Feuille pédalinerve,* qui ressemble aux pédales d'un piano. — 3. Corolle ligulée. — 4. Feuille peltée, elle a une sorte d'étoile au milieu de la nervure, qui est le prolongement du pétiole. — 5. Éta-

mines saillantes, comme dans la fleur du genêt. — 6 et 7. *Corolles rosacées.*

38. Planche xxxviii. *Un seul dessin* : — 1. Radicule. — 2. Bulbes. — 3. Tiges. — 4. Feuilles. — 5. Fleurs. Oxalide violette, *acetosa*, originaire du cap de Bonne-Espérance.

39. Planche xxxix. *Cinq dessins* :— 1. Puccinie ou sporidies noires, petits champignons, qui paraissent sur les feuilles de buis, de l'orme, du fraisier. — 2. Sporidies libres, ou petits champignons qui forment un groupe nombreux et sont très friables. On les trouve sur les racines des grands arbres, lorsqu'elles ne sont pas recouvertes de terre. — 3. Moisissures ovales en forme de tâches sur bois. — 4. *Uredo efusa*, espèce de charbon qui attaque les céréales, particulièrement les épis du maïs, surtout dans les années pluvieuses. — 4. Uredo ou charbon qui s'attaque aux pétioles des feuilles du châtaignier.

40. Planche xl. *Trois dessins* :— 1. Érineum, champignons allongés dans la forme du seigle ergoté : bon pour hâter les accouchements laborieux. — 2. Érineum du sorbier, petits champignons qui poussent sur les feuilles vivantes, en forme de petits coussins, comme sur les feuilles du chêne. — 3. Marchante étoilée, type du genre des hépatiques, dédié au botaniste Marchand par son fils.

41. Planche xli. *Neuf dessins* : — 1. Sphérie militaire, tubercules noirâtres très petits, qui croissent sur le bois mort et sur les feuilles vivantes, avec des thèques dressées se terminant par une sorte de petite massue charnue à consistance de cire. — 3. Capsule ou fruit composé sec, à une ou plusieurs loges, et déhiscent. — 4. ***Feuille quintuplinerve***, ou à cinq nervures secondaires, aussi grosses que la nervure centrale qui fait le prolongement du pétiole. — 5. Étamines tétradynames. — 8. Xyloma acerinum, petit champignon charnu et granulé, qui naît sous l'épiderme des tiges et des feuilles des arbres. — 9. Bourgeons *pétiolés*, lorsqu'ils s'allongent avant de produire des organes foliacées comme dans l'*aune*.

42. Planche xlii. *Un seul dessin* :— 1. La canne à sucre dans son premier état de germination; 2. la canne à sucre au milieu de sa croissance; 3. la canne à sucre inculte au-

tour de la case sous les yeux du planteur; 5. le planteur lui-même; 6. la canne à sucre dans son état complet de maturité.

43. Planche xliii. *Cinq dessins* :—1. Vesse-de-loup, *lycoperdon verrucosum.* — 2. Vesse-de-loup vivace; sa poussière peut remplacer celle du lycopode pour étancher le sang et en arrêter l'émission à la suite d'une blessure. — 3. La mérule, groupe de champignons, qui viennent sur le bois humide; non comestibles. Ils présentent des formes bizarres. — 4. Lycogala punctatus, petite vesse-de-loup ponctuée. — 5. Bovista gigantea. C'est le cranion de Théophraste, ou tête-d'homme, parce que son aspect peut être comparé à celui d'un crâne posé sur le sol.

44. Planche xliv. *Sept dessins* : — 1. Sytipora, granulations membraneuses de la classe des champignons, qui poussent sur les plantes à épines. Ces *aiguillons*, qu'il ne faut pas confondre avec les épines, sont des dépendances de l'épiderme et formés par la saillie d'une *cellule* ou par la réunion de plusieurs. Ceux de l'ortie renferment un liquide particulier. — 2. *Fries*, champignon des bois, arrondis, ayant un pédicule au milieu par lequel s'échappe la chair réduite en poussière. — 3 et 4. *Phacidium coronatum*, petit champignon en forme de couronne. — 5. Histerium. petites taches granulées, qui poussent au-dessus des feuilles du poirier en forme de champignons.— 6 et 7. Sphériées, champignons vermiculaires, qui poussent sur le vieux bois humide.

45. Planche xlv. *Quatre dessins* : — 1. Morille commune des prés, premier état, champignon comestible, très bon dans les omelettes.—2. Géoglossum vert, champignons terrestres, allongés, charnus, d'un noir qui verdit : vénéneux. — 3. Morille plus développée, excellente à manger : on l'appelle morille de Bohème, parce qu'il y en a beaucoup dans ce pays. — 4. Dedalæa quercina, champignon qui vit sur le tronc des arbres, principalement sur les chênes; il y en a qui ont une odeur de vanille ou d'anis, qui les a fait surnommer dedalæa odorant; on l'emploie avec succès contre la phthisie pulmonaire.

46. Planche xlvi. *Quatre dessins* : — 1. Fausse oronge 2e état, ou amanite, champignon très vénéneux, dange-

reux à manger. — 2. Coprin chevelu, champignon à stipe fistuleux; il est frêle et de peu de durée; il croît ordinairement sur le fumier; il se liquéfie en une eau noire très vénéneuse. — 3. Agaric de Vitadini; ce champignon présente le phénomène de la phosphorescence, qu'il communique aux objets qu'il touche. Pline le naturaliste parle de cet agaric qui était très commun de son temps dans les Gaules; on l'y cueillait la nuit au haut des arbres parce qu'il était lumineux. — 4. Fausse oronge amanite, 1er état.

47. PLANCHE XLVII. *Cinq dessins* : — 1. La chanterelle, champignon des châtaigneraies, jaune, comestible. — 2. Champignon de couches, espèce qui est cultivée dans les carrières de Vaugirard, près Paris, pour les assaisonnements culinaires de cette capitale. — 4. Bolet, champignon comestible; on le mange en effet dans tout le Midi de la France. — 5. Hydnum diversidens, champignons irréguliers, floconneux, presque secs, renversés, sans bordure ni pédicule.

48. PLANCHE XLVIII. *Six dessins* : — 1 et 2. Petits champignons vernis à pulpe gélatineuse, réunis en groupes nombreux, d'abord mous, puis secs, lenticulaires ou en forme de godets, qui croissent sur le bois. — 3. Sporidies uniloculaires, ramassées en groupes, couvertes par l'épiderme, qui se déchire irrégulièrement. — 4. Sporidies qui naissent sous l'épiderme des feuilles et sont de très petits champignons, par exemple, à la face inférieure des feuilles du poirier. — 5. Truffe noire du Périgord, coupée en deux. — 6. Truffe noire entière. Elle se distingue des autres espèces par sa couleur *noire ;* c'est lorsqu'elle en est pourvue qu'elle est bonne à manger.

49. PLANCHE XLIX. *Cinq dessins* : — Cette planche représente la *presle des fleuves* avec tous ses détails, l'une des plantes les plus utiles dans les arts, pour polir les bijoux de luxe; et en même temps l'un des végétaux fossiles des plus remarquables par les formes diverses qu'elle donne aux terrains où on la trouve.

50. PLANCHE L. *Cinq dessins* : — 1. Amanite rugueuse, *fausse oronge granulée*, champignon très vénéneux. — 2. *Physcia islandica* : Le lichen d'Islande est très employé en médecine, on en fait d'excellentes gelées, dont le prin-

cipe ioduré est à la fois *excipient* et *adjuvant* d'une multitude de médicaments utiles. — 3. Champignon de couches des jardiniers. — 4. La chlatre-grille : champignon d'abord rond, renfermé dans une volva complète, qui se fend plus tard et forme un roseau à larges mailles comme une *grille* : vénéneux. — 5. Clavaria stricta, champignon comestible, connu sous le nom de *Barbe de chèvre*.

51. Planche LI. *Cinq dessins* : — 1. Nevropteris Villiersii. L'une des plus remarquables plantes fossiles, bipennée; pinnules larges adhérentes au rachis, nervures très fines, arquées. On la trouve dans les terrains houillers. — 2. *Pertusaria communis* : lichénée en forme de verrues gélatineuses. — 3. Lonchopteris Mantelli : jolie plante fossile, pinnatifide, pinnules traversées par une nervure, et entourées de même. On la trouve dans le terrain houiller. — 4. Petits champignons de cave, vénéneux. — 5. Verrucaria macrostema. Lichen granuleux, de même que le pertusaire, très ressemblant à une agglomération de verrues.

52. Planche LII. *Six dessins* : — 1. Stigmate sessile; comme dans les pavots. — 2. Stigmate de légumineuses. — 3. Cœnomyia pyxidata : lichénée cartilagineuse; on les appelle : *lichen des rennes*, parce que dans le Nord, il forme la seule nourriture de ces animaux pendant l'hiver. Les lièvres et les lapins en sont friands. — 4. Sticta dannecornis. C'est la *pulmonaire de chêne*, qu'on appelle *thé des Vosges*, lichénée alimentaire et médicinale. De Candole appelle ce genre : *loparia*. — 5. *Chlatre rouge* : champignon qui croît dans le midi de l'Europe. Il est solitaire et de courte durée. Les Italiens l'appellent *fuoco*, parce qu'il est rouge comme le feu. Il est très vénéneux. — 6. Pachypteris lanceolata. Belle plante fossile à frondes bipennées, traversées par une nervure simple, de la famille des fougères. On la trouve dans l'oolithe inférieure.

53. Planche LIII. *Cinq dessins* : — 1. *Patellaria subfusca*. Lichen en moisissure. — 2. *Opegrapha serpentina*. L'opégraphe est un lichen crustacé noir ou bleu, il s'élève en branches comme les lirelles. — 3. Algues marines. — 4. Sphenopteris artemisiæ folia. Fougère fossile à feuilles d'armoise, à fronde bipennée, et nervures très apparentes; les sphénoptères appartiennent au terrain houiller, mais

on en trouve dans l'oolithe inférieure ou le grès bigarré.— 5. Calamites decoratus. Plante fossile avec des articulations entourées de tubercules arrondis. On les trouve assez nombreuses depuis les terrains de transition, jusqu'au grès bigarré. Ce genre se rapproche plutôt des presles que des palmiers malgré son nom.

54. Planche liv. *Deux dessins* :—1. Ephémère de Virginie. Plante magnifique, dont la fleur a une durée très courte, ce qui lui a valu son nom, joint à celui du pays d'où elle vient. — 2. Capillaire du Canada, *adianthum tenerum*.

55. Planche lv. *Six dessins*:—1. Jungermanne épiphylle de Linné, pourvue de tiges et feuilles comme les mousses, produisant des pédicelles qui se terminent par une étoile velue et quadrilobe. — 2. Polypodium crassifolium. Polypode à larges feuilles. — 3. Pezizes, petits champignons charnus qui croissent sur le bois. — 4. Fries, petits champignons sphériformes, venant sous l'écorce des végétaux, avec membrane fructifère. Mauvais à manger. — 5. Jungermanne asplénoïde. Pourvue de dentelures paires, qui se terminent par une étoile velue.

56. Planche lvi. *Cinq dessins*:—1. Stricta marginifera. Lichen consistant, à larges marges, très dur; on le trouve sur les rochers des bords de la mer. Utile, mais moins efficace que le lichen d'Islande, avec lequel on le mêle dans quelques occasions. — 2. *Bryum* de la *famille des mousses*; ils naissent dans les lieux humides. — 3 et 4. Endocarpons miniatures. Lichen gélatineux. — 5. Nostoc des jardins : végétation gélatineuse qui apparaît le long des chemins par les temps humides.

57. Planche lvii. *Quatre dessins* : 1. Algues maritimes, servant à fabriquer la potasse. — 2. Champignons nains, qui poussent en forme de petits points noirâtres sur la tige des osiers. — 3. Fucus gélatineux qui croissent sur les pierres du bord des rivières ou de la mer. — 4. Sigillaria punctata. On a réuni dans ce genre toutes les *tiges fossiles de fougères*. Les cicatrices des feuilles incrustées dans la houille, forment la série régulière de points disposés en forme de quinconces, qu'on observe sur cette sorte de végétaux; toutes les sigillaires appartiennent au terrain houiller.

58. Planche lviii. *Quatre dessins :* — 1. Petits détails de la presle tuyautée, plante fossile. — 2. Branche de presle contenant des mouchetures pétrifiées. — 3. Pièce de houille avec des incrustations de presle. — 4. Lycopode de Spring.

59. Planche lix. *Deux dessins :* — 1. Vanille aromatique. — 2. *Lycopode Jongermanne*, autrefois d'une grande réputation en médecine.

60. Planche lx. *Trois dessins :* — 1. Targonia sphærocarpus. Plante de la famille des hépatiques, jongermannes de Jussieu. Elles tiennent le milieu entre les algues, les lichens et les champignons. — 2. *Placodium*. Plaques De Candolle, lichen foliacé, radié à la circonférence, très fréquent sur les murs et sur les rochers, où il affecte toutes les couleurs. — 3. L'aigle impériale, *pteris aquilina*, fougère ainsi appelée, à cause de la ressemblance de sa forme avec l'aigle à deux têtes, de la maison impériale d'Autriche.

61. Planche lxi. *Trois dessins :* — 1. Riz cultivé. Tiges, feuilles, fleurs et fruits, plante de la grande famille des graminées. — 2. Anthoceros bilobata. Hépatique qui se rattache beaucoup à la *famille des mousses* par son mode de reproduction. — 3. Pelligera aphthosa : groupe de petits champignons à forme de massue, velus à la tête, formés de filaments charnus : ce sont des parasites sur les insectes morts, sur les champignons gâtés : très vénéneux. *Isaria*, espèce de petit champignon en forme de massue.

62. Planche lxii. *Deux dessins :* — 1. *La rivulaire*, fronde en masse gélatineuse; presque globuleuse, algue qui croît sur les plantes aquatiques : elle a la couleur noire. — 2. Parnassie des marais. Racines radicules, tiges, feuilles, fleurs et fruits.

63. Planche lxiii. *Quatre dessins :* — 1. Tubercules granulés, rouges croissant sur les écorces des bois morts. — 2. Même espèce de tubercules plus petits. — 3. Feuille de fougère d'une espèce différente que celle qui suit. — 4. Fougère du nom de olfersia, avec son *rhizome*, ou racine chevelue. Elles croissent dans les bois humides. La *famille des fougères* affectionne les îles peu étendues et éloignées du continent. Cette famille ne renferme pas de plantes vénéneuses : elle en a plusieurs de très utiles.

64. Planche lxiv. *Trois dessins :* — 1. Butome, ou

jonc fleuri. Représenté au milieu d'un marais, sur les rives d'un fleuve. — 2. Mucor mucedo. Petits champignons réunis en groupe, venant dans les lieux humides. Ils sont vénéneux. — 3. Ivraie vivace ; famille des graminées.

65. Planche lxv. *Trois dessins :* — 1. Ramanilla inanis. Lichen maritime très commun, mais sans valeur à cause de la nullité de sa consistance. — 2. Varaire cévadille. — 3. Uniole à larges feuilles.

66. Planche lxvi. *Deux dessins :* — 1. Ambrosinia. Plante fluviatile, racines, tiges, feuilles. — 2. Avoine cultivée, famille des graminées.

67. Planche lxvii. *Quatre dessins :* — 1. La tremelle étoilée. Champignon assez grand, se développe entre l'écorce et le bois des racines; elle est ordinairement jaune orangée. — 2. Trémelle unique, dont les sporules sont nichées dans une mucosité gélatineuse qui enduit la surface externe. — 3. Colchique d'automne, radicules, bulbe, tige, feuilles, fleurs et fruits. — 4. Le safran, *crocus*. Radicelles, bulbe, tige, feuilles, et fleurs. Le safran passe pour être le *roi des végétaux*.

68. Planche lxviii. *Trois dessins :* — 1. *Calycium clavellum*. Lichénées en forme de petits calices de la grandeur des clous, petits gobelets à pied. Ils poussent sur le bois des vieux navires. — 2. Même sorte de lichens, mais plus petits : *clous-calices*. — 3. *Acrosticum alicorne*. L'acrostic, *langue de cerf*, de la famille des fougères. Il nous vient des Indes, et sert à décorer les rochers élevés où il forme des touffes remarquables dans leurs divisions par leur ressemblance avec les cornes d'élan.

69. Planche lxix. *Quatre dessins :* — 1. *Sclerotium*. Ergot de seigle; lorsqu'il est abondant, il rend la farine de ce grain très dangereuse à manger. — 2. *Sclerotium* souterrain : rhizoctone : tubercule connu sous le nom de *mort du safran*, parce qu'il vit en parasite sur le bulbe de cette plante. — 3. Ananas sauvage, ou *plumier*. — 4. *Aneimia adiantifolia*, aneimie à feuilles d'osmonde.

70. Planche lxx. *Deux dessins :* — 1. La fritillaire ou impériale. — 2. L'iris germanique.

71. Planche lxxi. *Quatre dessins :* — 1. Narcisse des poètes. Tuyau, feuilles et fleur. — 2. Pourretia coarctata.

Cette plante a été dédiée à l'abbé Pourret de Narbonne, botaniste célèbre dont elle porte le nom. — 3. Cornicularia aculeata ; lichen cornaline qui *sert à teindre en jaune*. — 4. *Usnea florida*. L'usnée fleurie est un beau lichen, qui donne, à l'aide des alcalis, une *teinture bleue* ou *violette*. On lui attribuait autrefois l'illusoire vertu de faire croître les cheveux.

72. Planche lxxii. *Deux dessins* : — 1. Rajanie en cœur. — 2. Ferrarie ondulée.

73. Planche lxxiii. *Deux dessins* : — 1. Percopteris Sellimanni. Plante fossile, qu'on trouve souvent dans les carrières de houille. On en trouve aussi dans le lias et l'oolithe. — 2. Parmélie du tilleul. Sorte de lichénée qui forme des belles plaques *jaunes* sur les murs, les rochers, les troncs d'arbres. On l'employait autrefois en médecine, contre les maladies des poumons, les hémorragies et l'épilepsie, sous le nom d'*usnée;* et *mousse de crâne humain*, lorsqu'on l'avait récoltée dans les cimetières ou dans les catacombes, sur des crânes humains. Le chef d'un illustre cardinal, décédé quelques années avant la révolution, que nous avons vu, chez le fils d'un de ses valets qui l'avait apporté chez lui en 1793, pour le soustraire à la profanation des révolutionnaires, offrait un modèle frappant de cette *mousse de crâne humain;* toute la cavité du crâne contenait une superbe parmélie.

74. Planche lxxiv. *Deux dessins* : — 1. Cyclanthe à deux feuilles, appelée arounca du diable. C'est une plante fluviatile, à déconcerter les botanistes qui ne peuvent la classer d'après aucun des systèmes de classification connus. — 2. Le souchet. *Papyrus* des anciens, famille des cypéracées.

75. Planche lxxv. *Deux dessins* : — 1. Osmonde royale. De la famille des fougères. — 2. La massette. Typha de Linné, plante vivace qui croît sur le bord des étangs et des rivières, remarquable par la forme de son inflorescence ; elle sert de jouet aux enfants. On en mange les rhizomes après les avoir faits confire ; les bestiaux broutent ses feuilles, qui sont employées aussi à couvrir les maisons, à faire des nattes et des paillassons, à rembourrer des chaises grossières. La massette est légèrement astringente.

76. PLANCHE LXXVI. *Deux dessins :* — 1. Laiche en gazon. Racines, feuilles, fleurs, et graines. — 2. Marsilea quadrifolia. Plante aquatique appelée *lemma*, de la famille des marsiléacées.

77. PLANCHE LXXVII. *Trois dessins :* — 1. Moisissures du pain. — 2. Moisissures, ou filaments laringineux, souvent stériles; ceux qui sont fertiles sont dressés. Elles apparaissent sur le vieux pain et sur les plantes des herbiers atteints par l'humidité. — 3. Le dattier, dans toutes ses parties, représenté au pied des pyramides d'Égypte, avec un groupe d'Égyptiens qui viennent de cueillir son fruit délicieux.

78. PLANCHE LXXVIII. *Quatre dessins :* — 1. Cyprès pleureur avec son fruit. — 2. Cyprès pleureur sans fruit. — 3. Amaryllis belladone, tige et fleurs développées. — 4. Amaryllis belladone, radicelles, bulbe et feuilles.

79. PLANCHE LXXIX. *Trois dessins :* — 1. Erysiphe adunca, petits tubercules qui croissent sur les feuilles des plantes vivaces; ils sont connus des jardiniers sous le nom de *meunier*. Il s'attaquent aux graminées et font de grands ravages dans les *houblonnières*. — 2. Millepertuis. — 3. Houx commun : tige, feuilles et fruits.

80. PLANCHE LXXX. *Trois dessins :* — 1. Ortie commune : tige, feuilles, fleurs, aiguillons. — 2. Calice et calicule; ils se composent d'un nombre variable de folioles nommées *sépales*, en plus ou moins grand nombre et de formes différentes. — 3. *Orchis ;* tubercule, feuilles, tige, fleurs. Cette plante orientale fournit le *salep*, substance retirée de ses tubercules.

81. PLANCHE LXXXI. *Deux dessins :* — 1. Le Médicinier: tige, feuilles, fleurs et fruits. — 2. Botrychium lunaire ; rhizome, radicules, valvules, tige, feuilles, fleurs et fruits; cette plante est l'un des végétaux fossiles des plus communs.

82. PLANCHE LXXXII. *Trois dessins* · — 1. Ficoïde blanche. — 2. Rue odorante. — 3. Petiveria alliacée.

83. PLANCHE LXXXIII. *Trois dessins :* — 1. Deux branches de noyer, l'une avec ses feuilles naissantes, ses fleurs et chatons : l'autre avec ses feuilles et son fruit. — 2. Pin Lambert avec son fruit.

84. Planche lxxxiv. *Deux dessins* : — 1. Branche de frêne. — 2. La sensitive.

85. Planche lxxxv. *Deux dessins* : — 1. Dammara austral, famille des Conifères. — 2. Poivrier élégant.

86. Planche lxxxvi. *Quatre dessins* : — 1. Saule marceau, chatons mâles. Pour le saule marceau, chatons femelles : voir la *planche* cxxxvii. — 2. Kalmie à feuilles étroites. — 3. Branche de charme feuillée et fleurie.

87. Planche lxxxvii. *Deux dessins* : — 1. Chêne rouvre; tige, feuilles, fleurs. — 2. Muscadier aromatique.

88. Planche lxxxviii. *Deux dessins* : — 1. Gingembre officinal; rhizome, tige et feuilles. — 2. Le même avec son fruit.

89. Planche lxxxix. *Deux dessins* : — 1. Raisinier. — 2. Alisier.

90. Planche xc. *Deux dessins* : — 1. Le fusain. — 2. Le houx fragon.

91. Planche xci. *Deux dessins* : — 1. Laurier rose. — 2. Grenadier.

92. Planche xcii. *Deux dessins* : — 1. Érable sycomore; branche, feuilles et fleurs. — 2. Ricin commun, *palma Christi*; tige, feuilles, fleurs.

93. Planche xciii. *Deux dessins* : — 1. Campêche. — 2. Belle de jour, ou calystegia.

94. Planche xciv. *Trois dessins* : — 1. Polygala commun. — 2. Polycarpon. — 3. Ménisperme du Canada.

95. Planche xcv. *Quatre dessins* : — 1, 2 et 3. Conifères d'Amérique, *dacrydium cupressinum*, grands arbres à résine. — 4. Galega.

96. Planche xcvi. *Deux dessins* : — 1. Primevère officinale. — 2. Lin trigyne.

97. Planche xcvii. *Deux dessins* : — 1. La rhubarbe. — 2. L'arbre à pain d'Otaïti.

98. Planche xcviii. *Deux dessins* : — 1. Myrte à grandes feuilles. — 2. Siphonia elastica, ou caoutchouc.

99. Planche xcix. *Deux dessins* : — 1. Sapin des Vosges avec son fruit. — 2. Muflier des jardins.

100. Planche c. *Trois dessins* : — 1. Chrysobalanus-Yaco. — 2. Ketmie. — 3. Cuscute d'Europe.

101. Planche ci. *Trois dessins* : — 1. Saxifrage; rosette,

tige, feuilles, fleurs. — 2. Pariétaire. — 3. Redoul-myrtyfeuille, qu'on appelle *fustet-summac.*

102. Planche cii. *Deux dessins :* — 1 Amarante paniculée. — Giroflier.

103. Planche ciii. *Deux dessins :* — 1. Saurure inclinée. — 2. Mélocactus.

104. Planche civ. *Deux dessins:* — 1. Saule marceau femelle. — 2. Réglisse, glissiriza glabra.

105. Planche cv. *Deux dessins :* — 1 Réséda jaune. — 2. Ellébore blanc.

106. Planche cvi. *Trois dessins :* — 1. Camélia du Japon. — 2. Lychnide à grandes fleurs. — 3. Épine-Vinette.

107. Planche cvii. *Deux dessins :* — 1. Le chanvre. — 2. La vigne et son fruit.

108. Planche cviii. *Un seul dessin :* — 1. Maïs cultivé ou zéa, tige, épi, feuilles et fleurs.

109. Planche cix. *Trois dessins :* — 1. Ciste à feuille de consoude. — 2. Chalef. — 3. Épurge.

110. Planche cx. *Trois dessins :* — 1. Hypociste. — 2. Rocou d'Amérique. — 3. Passiflore bleue.

111. Planche cxi. *Deux dessins :* — 1. Astrance. — 2. Quassie amère.

112. Planche cxii. *Deux dessins :* — 1. Sumac. — 2. Figuier d'Argenteuil ; tige, feuilles, fruits.

113. Planche cxiii. *Trois dessins :* — 1. Amarantine. — 2. Saponaire officinale. — 3. Argousier.

114. Planche cxiv. *Trois dessins :* — 1. Thé bou. — 2 et 3. Salicornes ; plantes à soude.

115. Planche cxv. *Trois dessins :* — 1. Parnassie des Marais. — 2. Momordique balsamine. — 3. Claytonia.

116. Planche cxvi. *Deux dessins :* — 1. Oranger; tige, feuilles, fleurs et fruits. — Cacaoyer.

117. Planche cxvii. *Deux dessins :* — 1. Euphorbia, li-tchi. — 2. Anacarde acajou.

118. Planche cxviii. *Deux dessins :* — 1. Bryone ou couleuvrée. — Églantier.

119. Planche cxix. *Trois dessins :* — 1. Vulpin genouillé; racines, tiges, fleurs et fruits. *Alopecurus* de Linné, très commun dans les prairies et précieux par la précocité et l'abondance de son fourrage. — 2. Capsule d'une gre-

nade coupée transversalement. — 3. Malpighie à grandes feuilles.

120. PLANCHE CXX. *Deux dessins* : — 1. Drymis de Winter. — 2. le bananier.

121. PLANCHE CXXI. *Deux dessins* : — 1. Adélie. — 2. Épinard en fleurs.

122. PLANCHE CXXII. *Trois dessins* : — 1. Mûrier du Japon. — 2. *Cœsalpina* de Plumier. — 3. Caulinie : rhizome, feuilles, tiges et fleurs.

123. PLANCHE CXXIII. *Deux dessins* : — 1. Abricotier. — 2. Sanicle.

124. PLANCHE CXXIV. *Quatre dessins* : — 1 et 2. Mélèze et son fruit. — 3. Le scirpe ou jonc admirable; rhizome, tige, feuilles et fleurs. — 4. Groseiller épineux.

125. PLANCHE CXXV. *Trois dessins* : — 1. Cotonnier. — 2. Pensée sauvage. — 3. Lunaire annuelle.

126. PLANCHE CXXVI. *Deux dessins* : — 1. Câprier d'Égypte. — 2. Stapelia crapaudine.

127. PLANCHE CXXVII. *Un seul dessin* : — 1. La pyrole à feuilles rondes; racines, feuilles, tiges et fleurs.

128. PLANCHE CXXVIII. *Trois dessins* : — 1. Herse à fleurs de ciste. — 2. Goyavier. — 3. Buplèvre.

129. PLANCHE CXXIX. *Quatre dessins* : — 1. Alaterne. — 2. Giroflée jaune. — 3. Buis commun. — 4. Buis fleuri.

130. PLANCHE CXXX. *Deux dessins* : — 1. Salix fusca, variété des saules utiles. — 2. Sapin d'Amérique, dit épicea.

131. PLANCHE CXXXI. *Deux dessins* : — 1. Mûrier du Péloponèse; tige, feuilles et fruits. — 2. Clématite.

132. PLANCHE CXXXII. *Deux dessins* : — 1. Le houblon. — 2. L'indigotier.

133. PLANCHE CXXXIII. *Deux dessins* : — 1. Le magnolier. — 2. Daphné ou lauréole.

134. PLANCHE CXXXIV. *Deux dessins* : — Géranium des prés. — 2. Pommier d'api.

135. PLANCHE CXXXV. *Trois dessins* : — 1. Jussiæa à grandes fleurs. — 2 et 3. Jonc articulé avec son rhizome.

136. PLANCHE CXXXVI. *Deux dessins* : — 1. Fabagelle. — 2. Agrosto chevelu.

137. PLANCHE CXXXVII. *Un seul dessin* : — 1. Saule

Marceau ; tige, feuilles et chatons. Voir la *planche* LXXXVI.

138. PLANCHE CXXXVIII. *Deux dessins* : — 1. Gaïac officinal. — 2. La grande douve, renoncule.

139. PLANCHE CXXXIX. *Trois dessins* : — 1. La stellaire. — 2 et 3. Pins maritimes.

140. PLANCHE CXL. *Deux dessins* : — 1. Abrus precatorius. — 2. Tilleul ; branche, feuilles, follicules et fleurs.

141. PLANCHE CXLI. *Un seul dessin* : — 1. Solandre à grandes fleurs ; belle plante dédiée au voyageur Solander, dont elle porte le nom.

142. PLANCHE CXLII. *Deux dessins* : — La paronique. — 2. Pin sylvestre.

143. PLANCHE CXLIII. *Trois dessins* : — 1 et 2. Panais sauvage. — 2. Mélastome-thé.

144. PLANCHE CXLIV. *Un seul dessin* : — Le pistachier ; tige, feuilles et fruits.

145. PLANCHE CXLV. *Deux dessins* : — 1. Alchémille. — 2. Acacia à longues feuilles.

146. PLANCHE CXLVI. *Un seul dessin* : — Dentaire à cinq feuilles.

147. PLANCHE CXLVII. *Un seul dessin* : — Cornouiller mâle ; tige, feuilles, fruits.

148. PLANCHE CXLVIII. *Un seul dessin* : — 1. Chrysanthème des Indes ; tige, feuilles, fleurs et fruits.

149. PLANCHE CXLIX. *Un seul dessin* : — 1. Rosier de Jéricho.

150. PLANCHE CL. *Un seul dessin* : — 1. Cycas des Indes, mâle ; tronc, branches et fruit.

151. PLANCHE CLI. *Un seul dessin* : — 1. Cycas des Indes, femelle.

152. PLANCHE CLII ET DERNIÈRE. *Un seul dessin* : — 1. Doum de la Thébaïde.

FIN DE LA TABLE DES PLANCHES.

NOMENCLATURE ALPHABÉTIQUE

DES

FAMILLES NATURELLES DES PLANTES :

Décrites par les botanistes jusqu'en 1855 : il en est traité, en détail, au paragraphe quatrième de ce livre, dans le premier volume, suivant le *système sériaire et biblique* que nous avons adopté. — Ceux qui se livreront à l'avenir à l'*étude des plantes*, ne pourront jamais être embarrassés pour *classer* immédiatement leurs nouvelles découvertes à la suite des *cent mille espèces* connues, ou dans le cadre des familles déjà établies.

A

B

C

FIN DE LA NOMENCLATURE DES FAMILLES NATURELLES DES PLANTES.

Paris. — Imprimerie de Cosson, rue du Four-Saint-Germain, 43.

PLANCHE 1re.

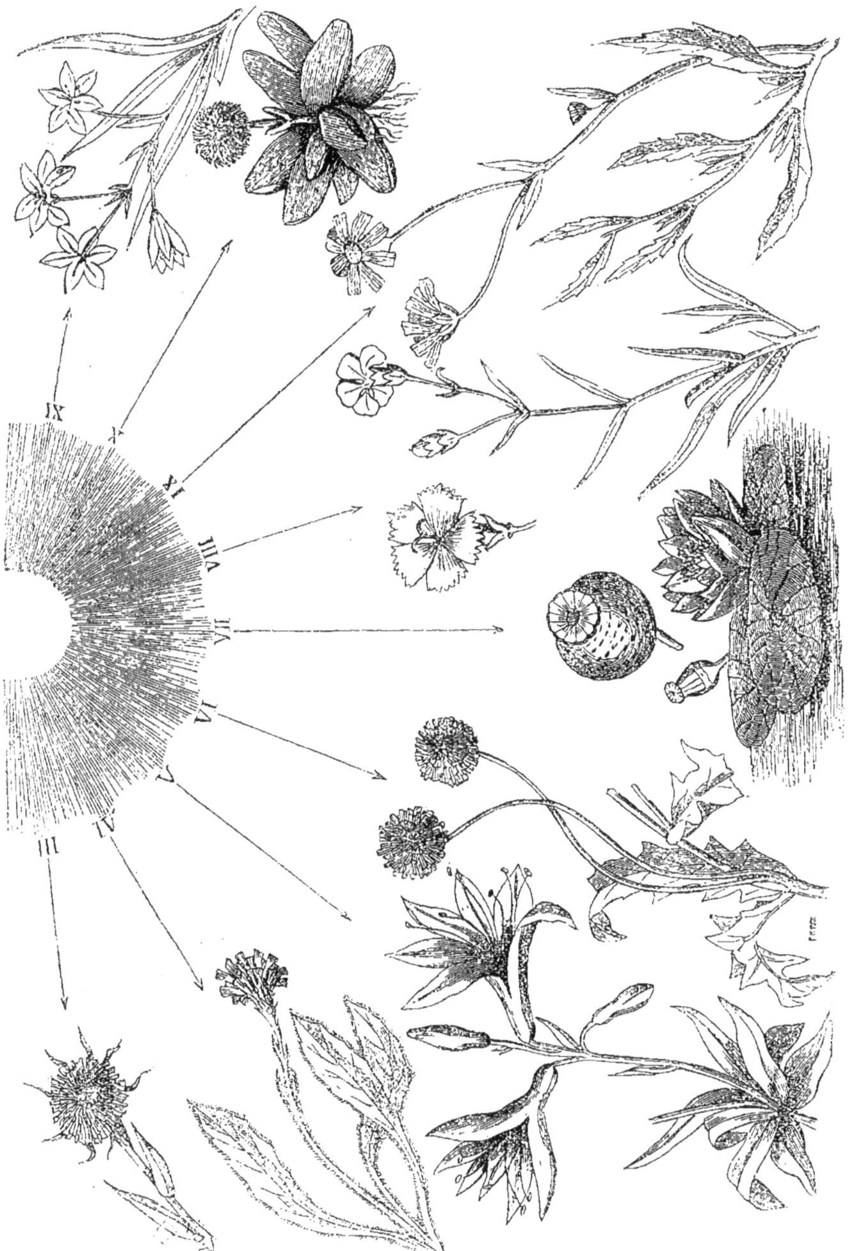

HORLOGE DE FLORE (*Heures du jour.*) ou *Travail des plantes.*

PLANCHE II.

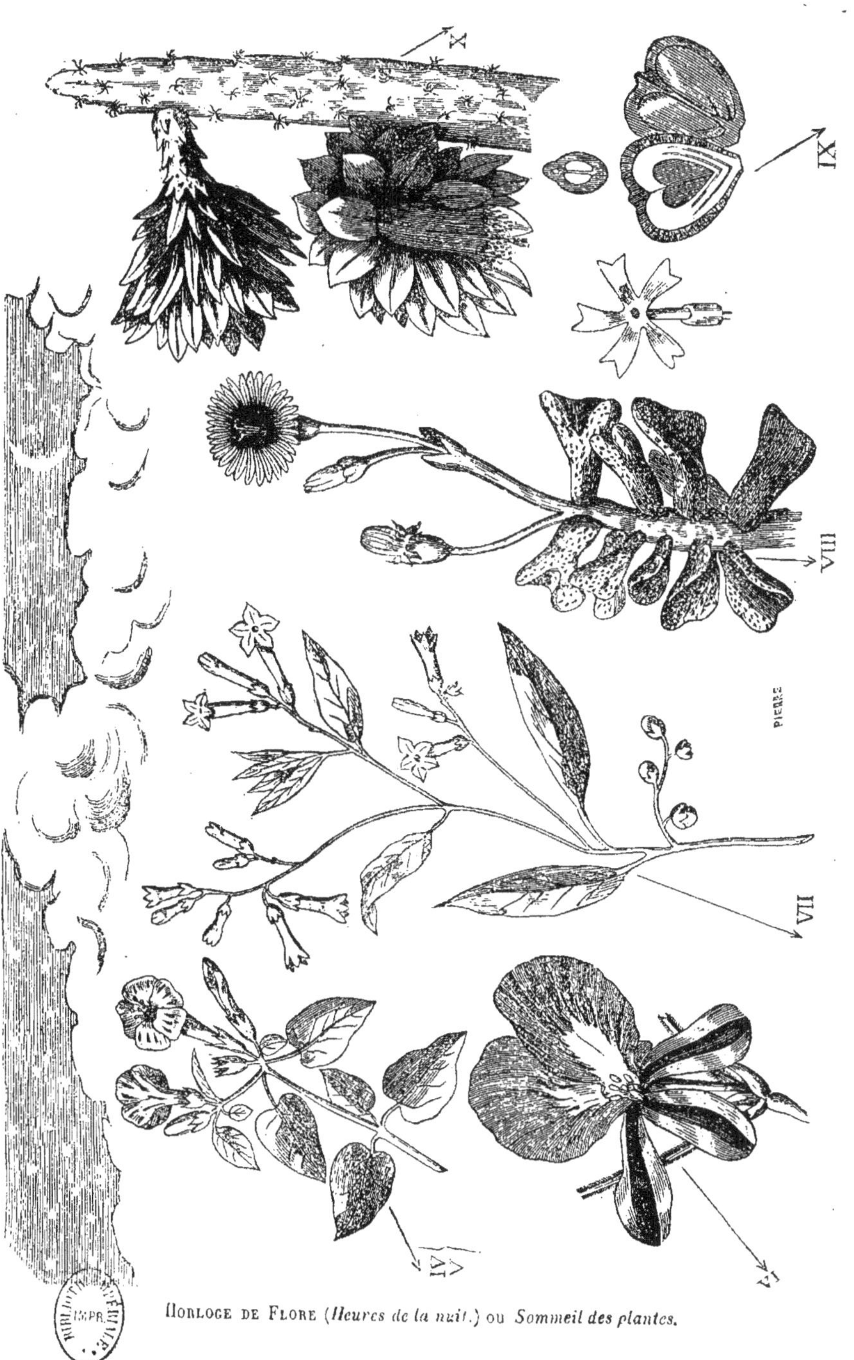

HORLOGE DE FLORE (*Heures de la nuit.*) ou *Sommeil des plantes.*

PLANCHE III.

1

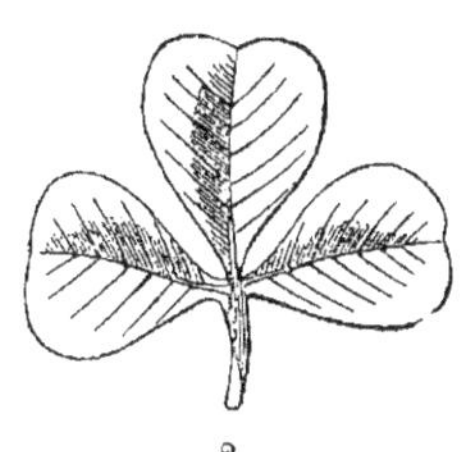

2

3

4

5

6

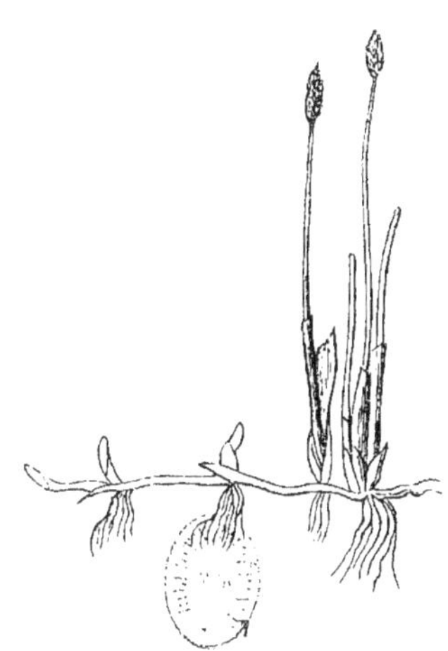

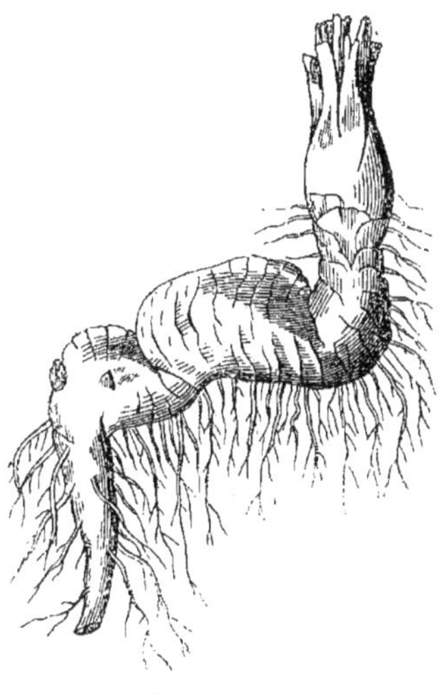

8

PLANCHE IV.

Planche V.

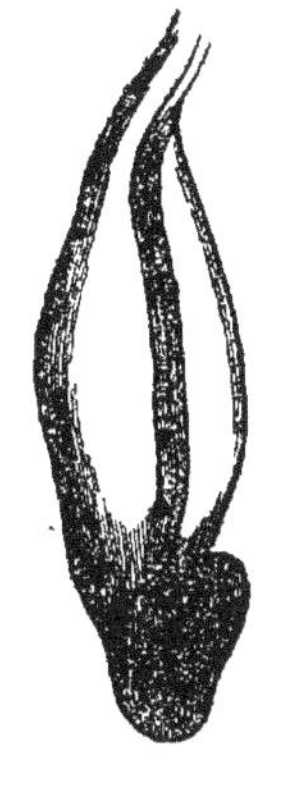

1

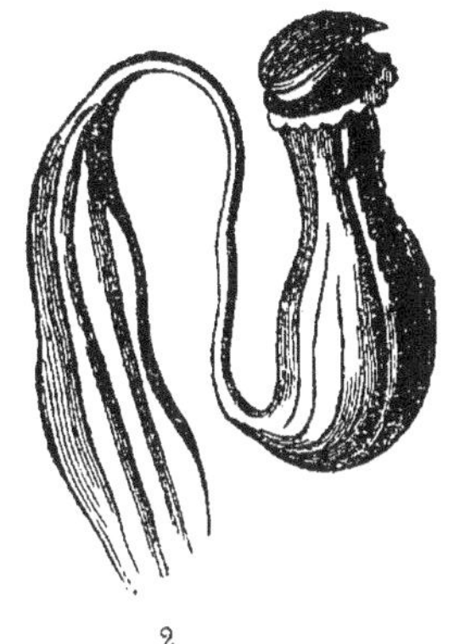

2

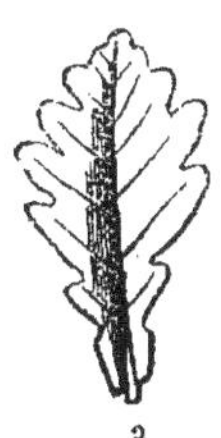

3

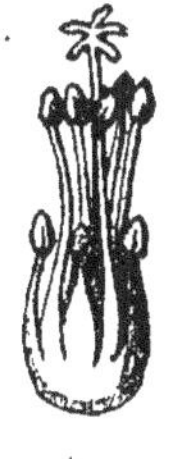

4

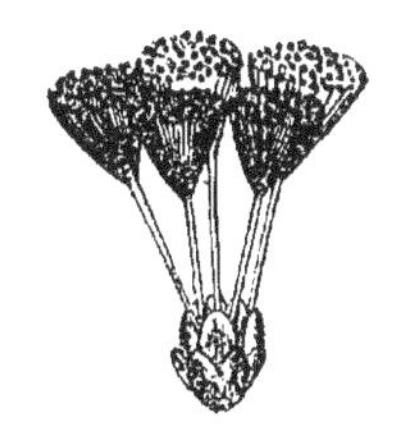

5

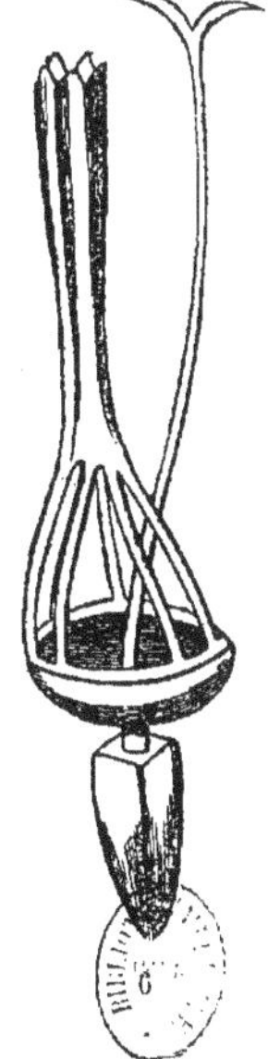

6

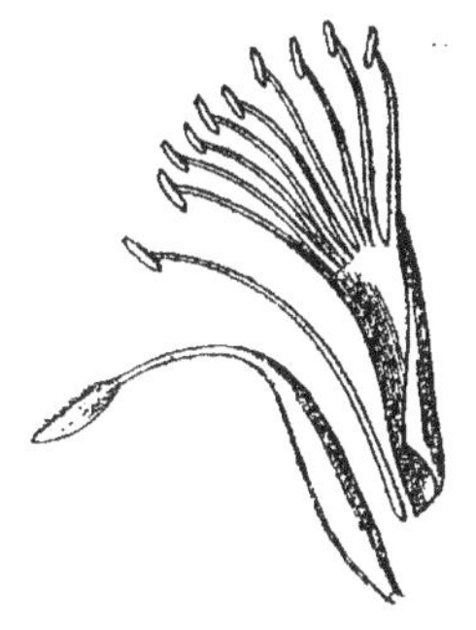

7

PLANCHE VI.

1

2

3

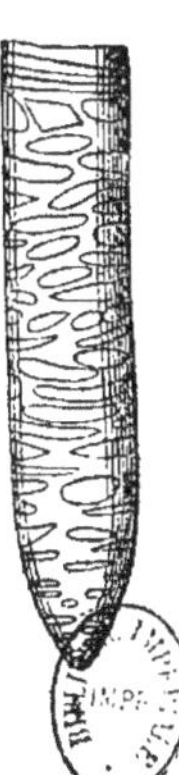

5 Tapisacum elegans.

PLANCHE VII

3 Anthoxanthe odorant. (*flouve.*)

PLANCHE VIII.

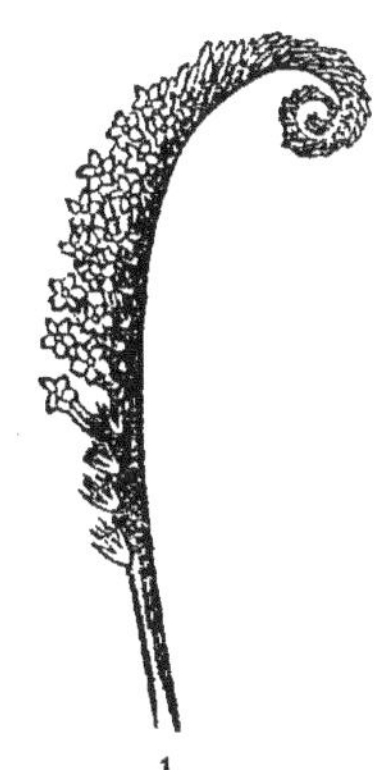

1

2

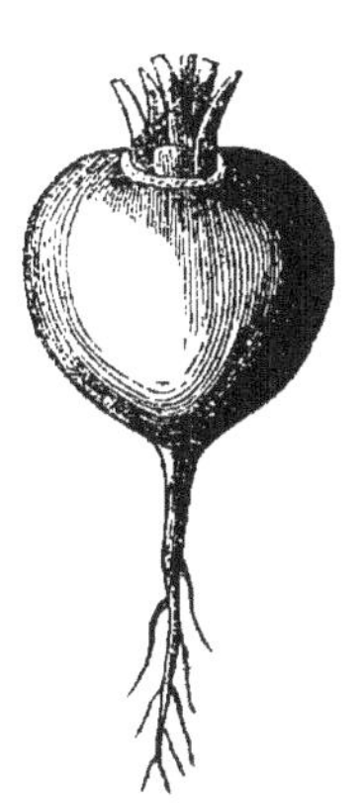

3

4

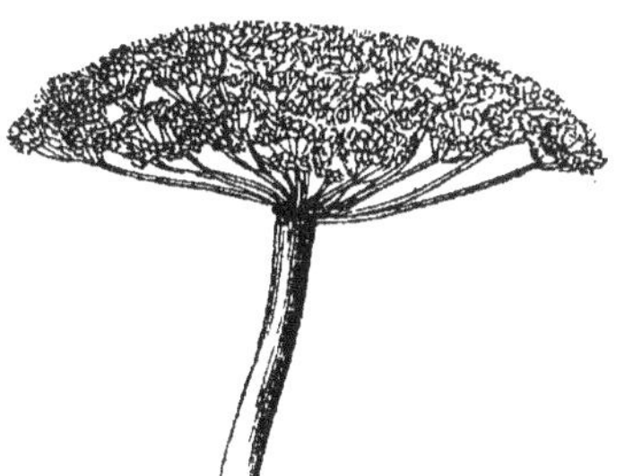

5

6

7

Planche IX

1

2

3

4

5 Fuchsie à fleurs rouges.

PLANCHE X.

1

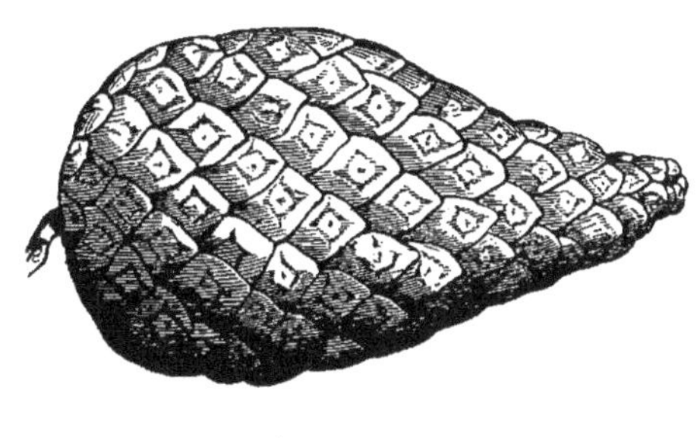

2

3 Genévrier commun.

PLANCHE XI.

3 Figuier cultivé à Smyrne.

PLANCHE XII.

1

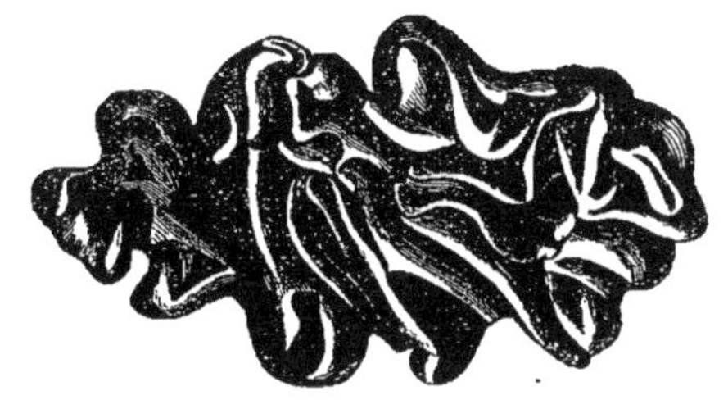

2

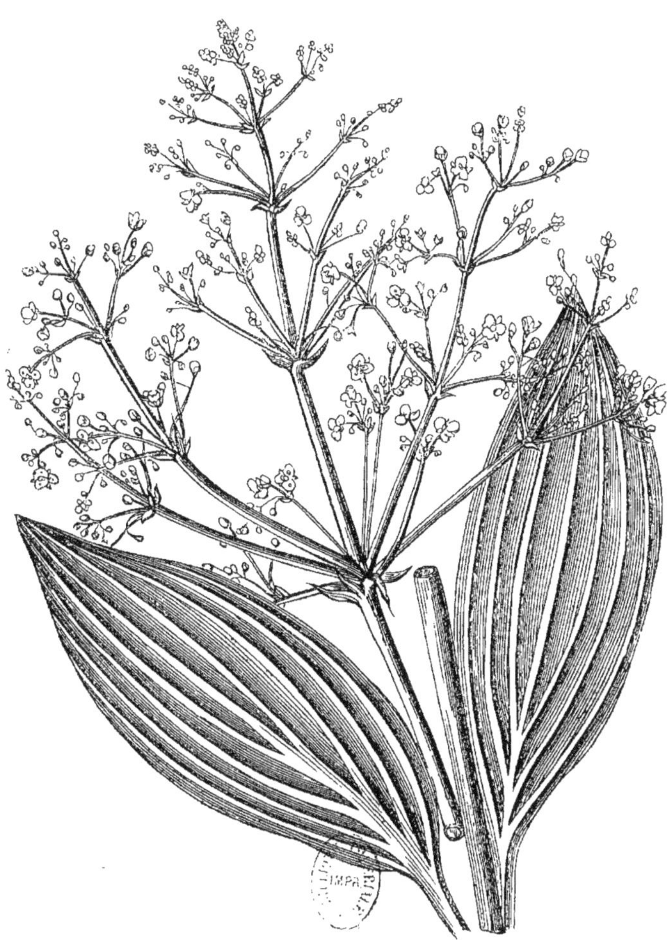

3 Plantain d'eau.

PLANCHE XIII.

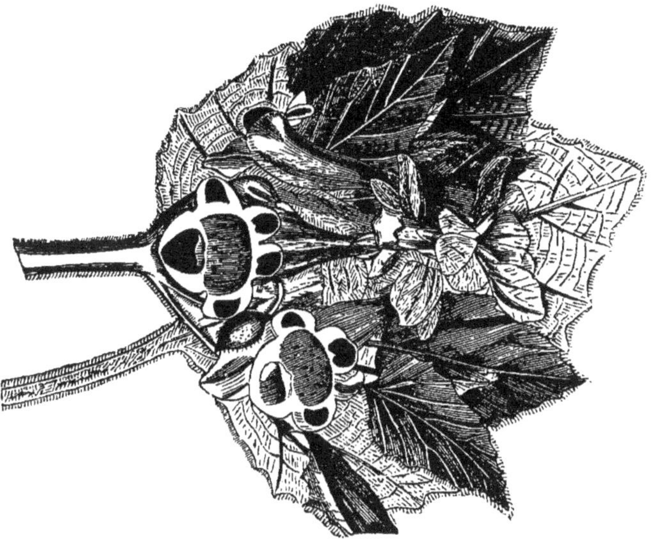

1 Martynia diandra. (Cornaret.)

2 Rhododendron. (Coquette de Paris.)

PLANCHE XIV.

1

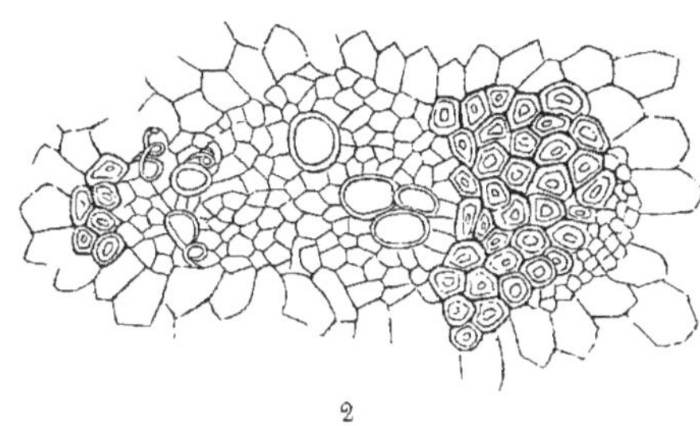

2

3

4 Carmantine. (Acanthacées.)
(*Justiciæ*.)

Planche XV

1

2

Jubæa spectabilis.

PLANCHE XVI.

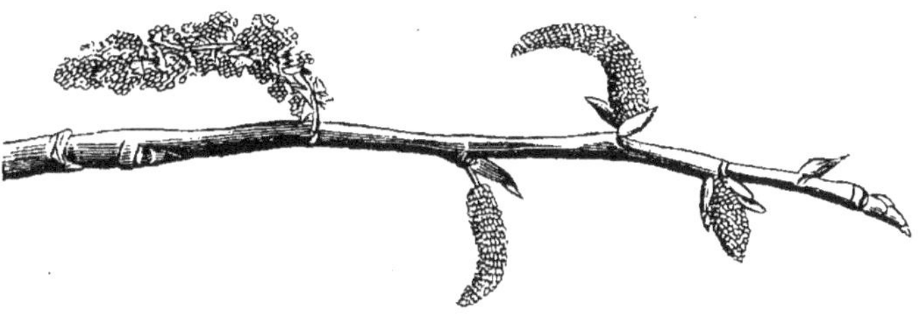

1 Chaton de noisetier.

2

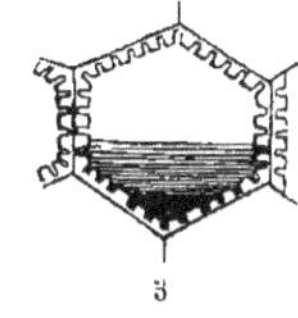

3

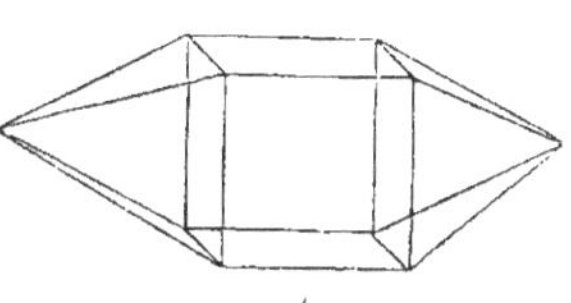

4

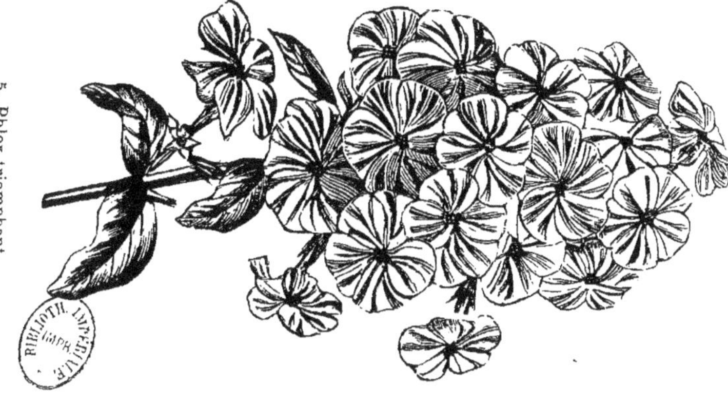

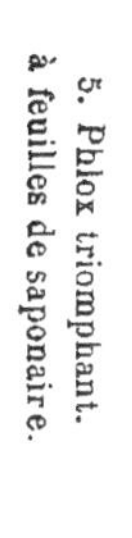

5. Phlox triomphant.
à feuilles de saponaire.

PLANCHE XVII

1 Laelia majalis.

PLANCHE XVIII.

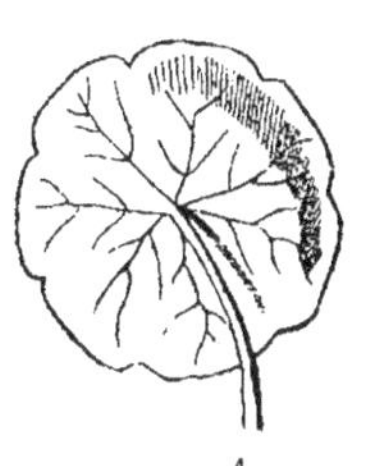
1

2

3

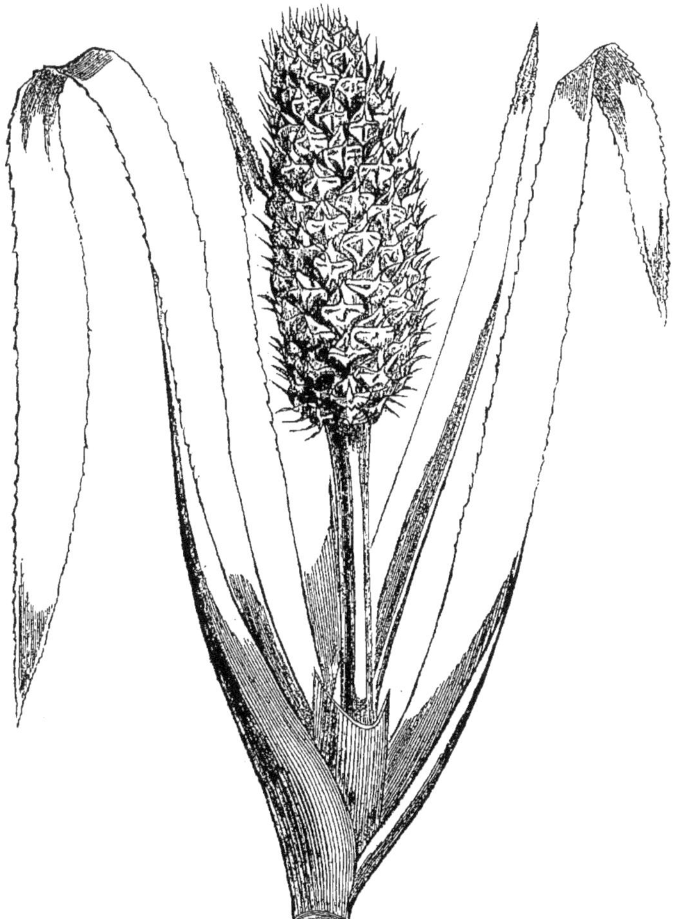

4 Chevalierie ornée.

PLANCHE XIX

6 Ancolie du Canada. *Aquilegia.*

Planche XX

6 Freycinetie de Cuming.

1 Oncidium leucochilum. (Orchidées.)

PLANCHE XXII.

1 Passiflora edulis.
ou fleur de la passion.

2 Camélia du Japon.

PLANCHE XXIII.

3 Plantin à grandes feuilles.

PLANCHE XXIV.

3 Eupétale de Lindley.

PLANCHE XXV.

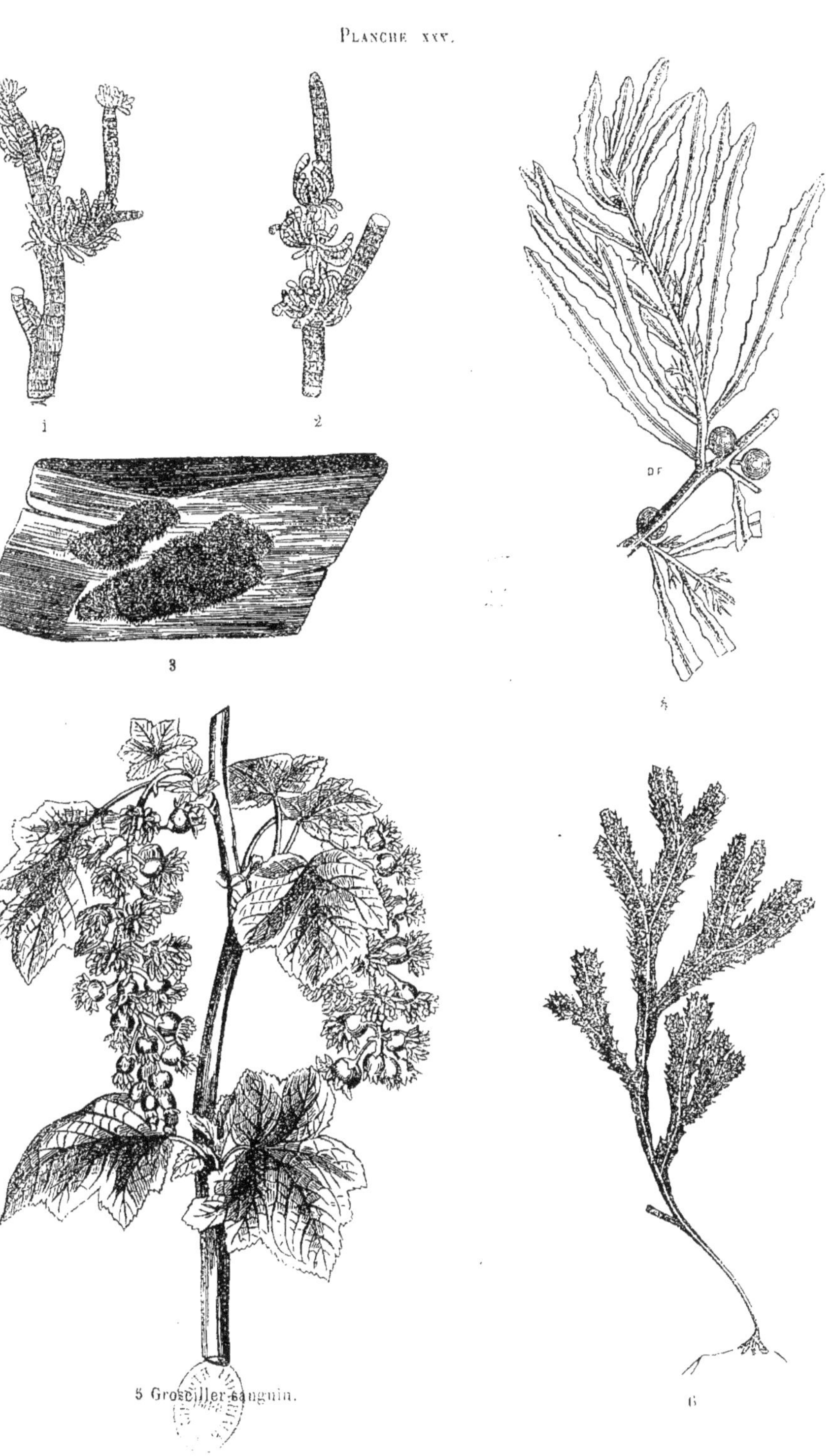

PLANCHE XXVI

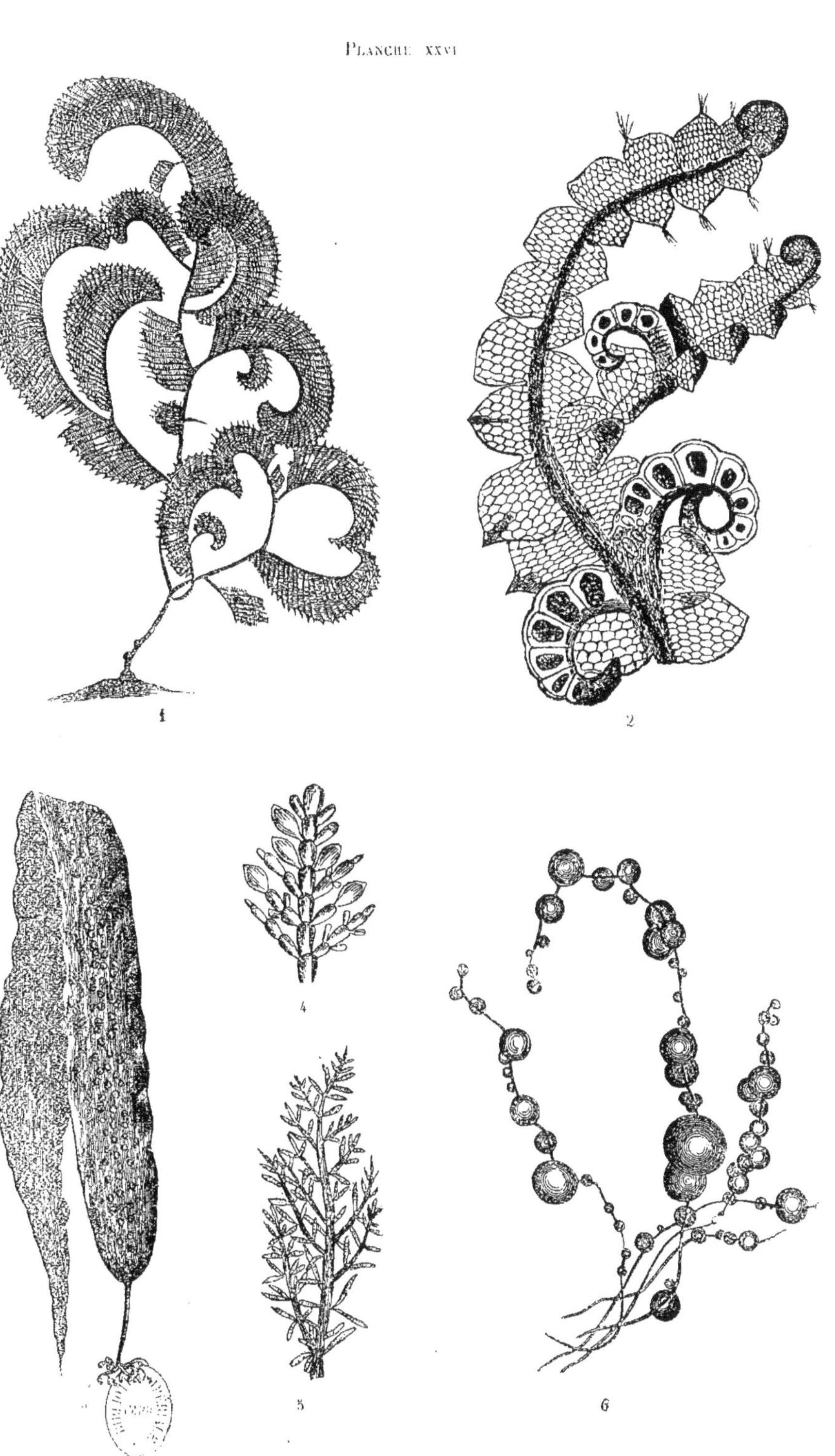

PLANCHE XXVII.

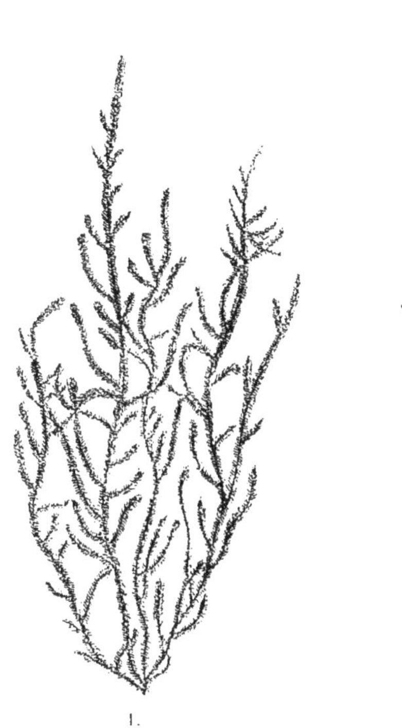

1.

2 Clematite violette.

3

4

PLANCHE XXVIII.

2

1. Pélargonium reine des Français.

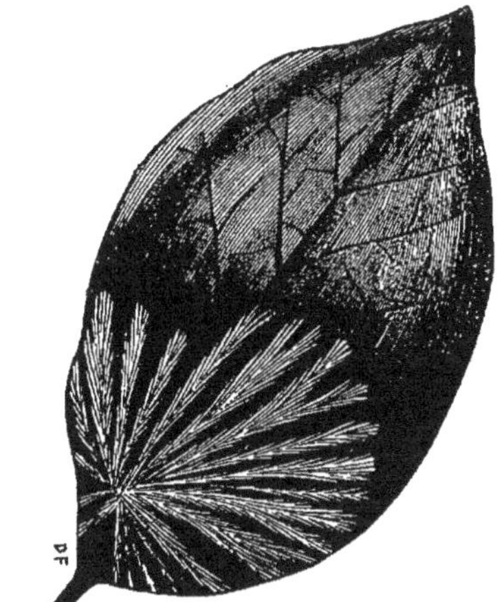

3

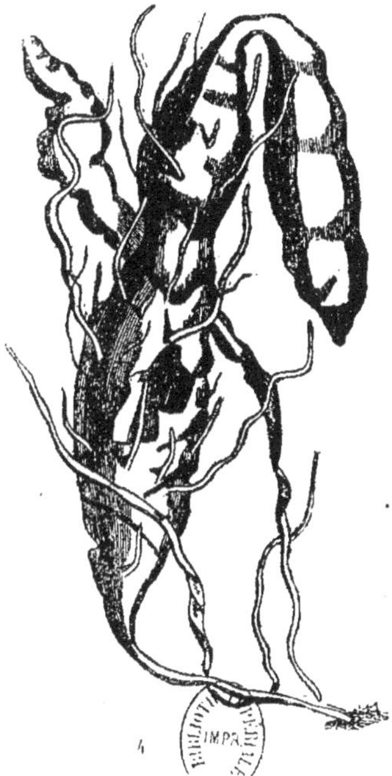

4

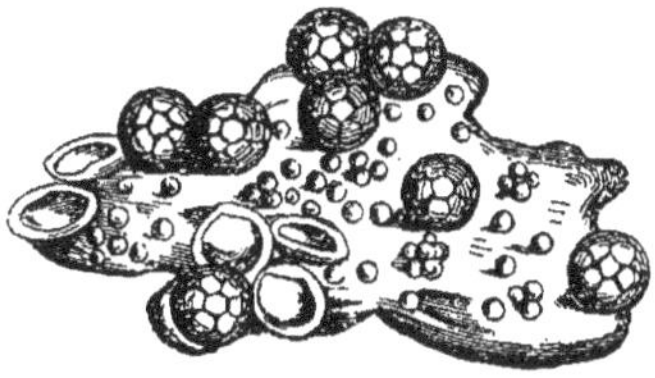

5

PLANCHE XXIX.

3 Poivrier noir.

PLANCHE XXX.

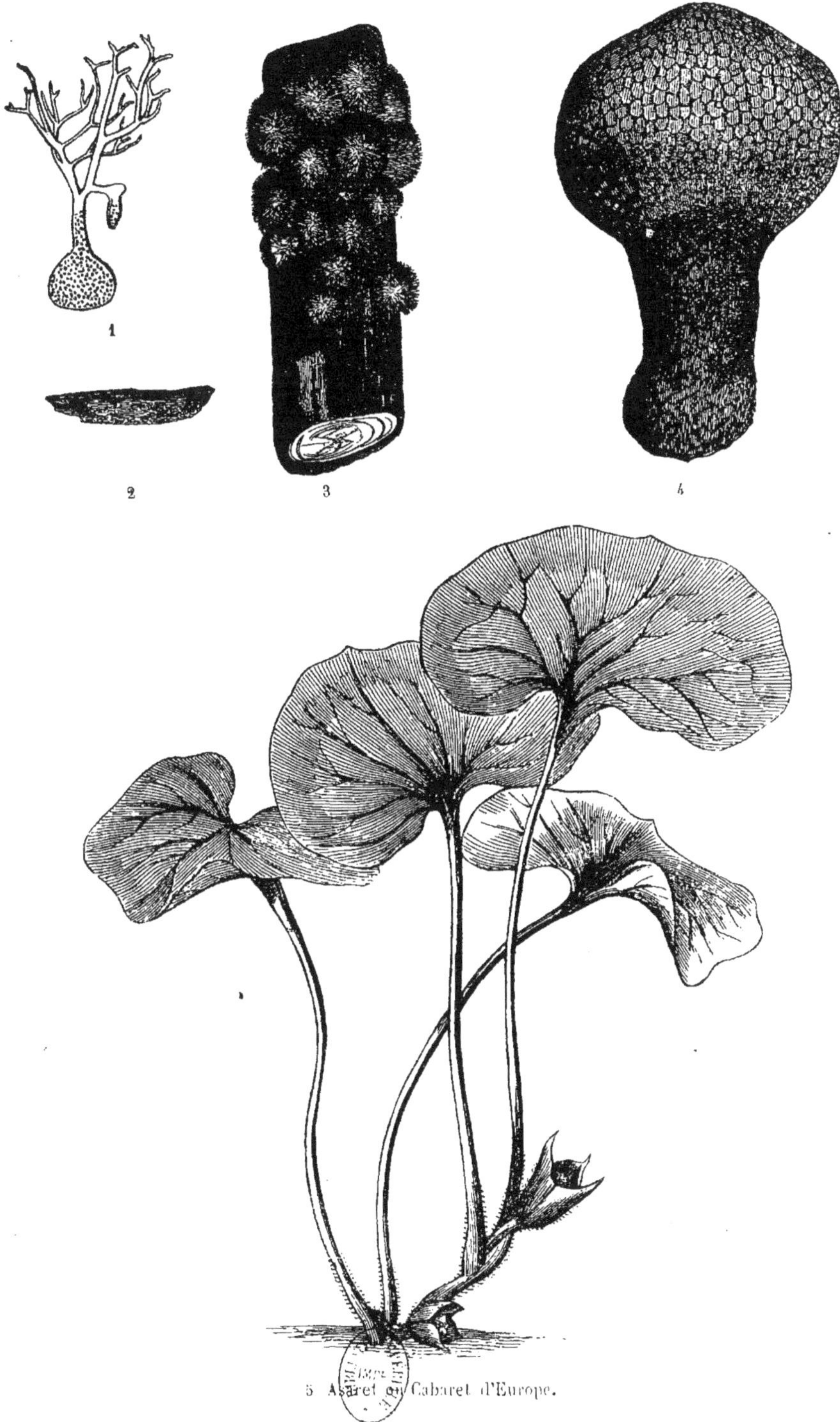

5 Asaret ou Cabaret d'Europe.

PLANCHE XXXI.

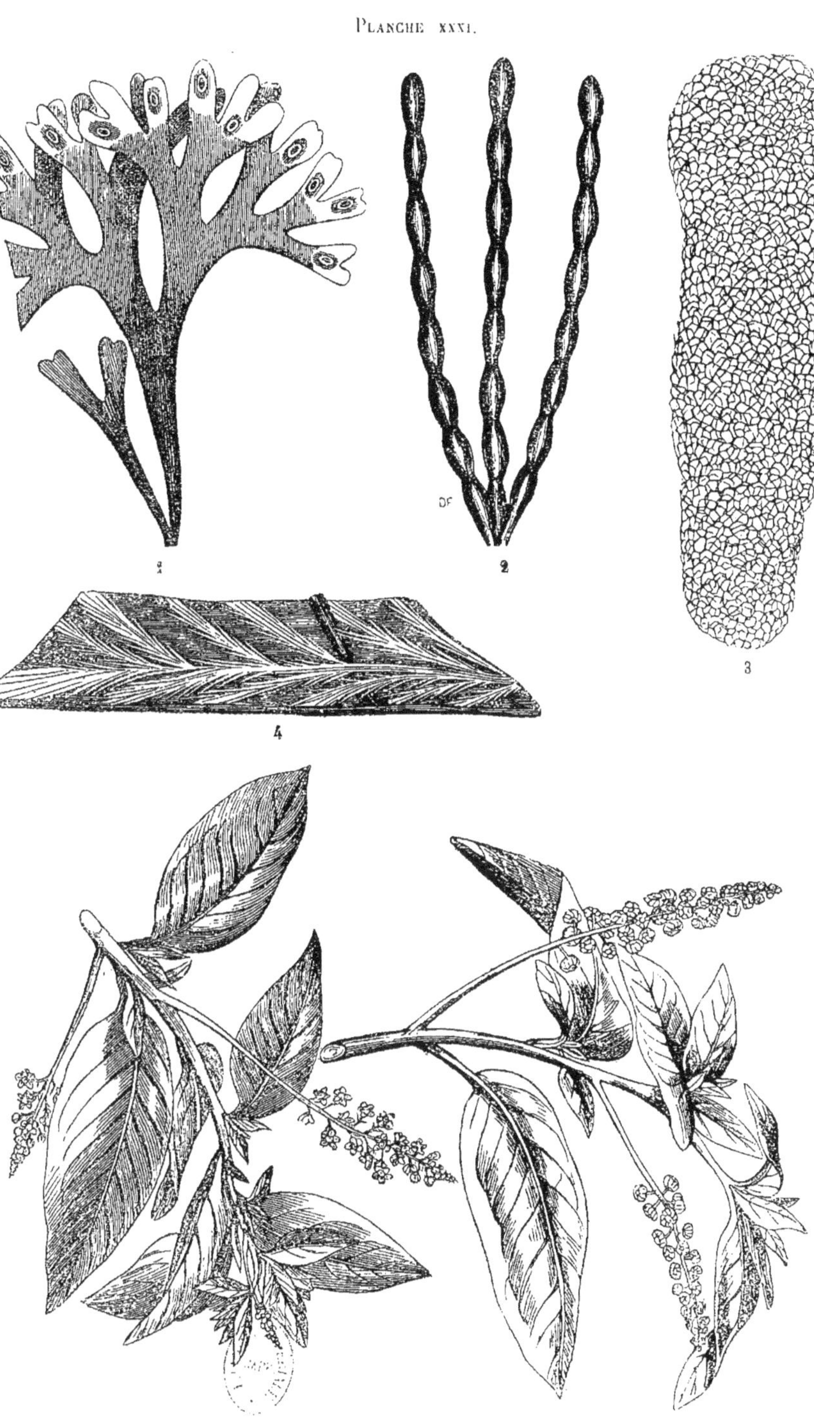

5. Raisin d'Ours.

Planche XXXII.

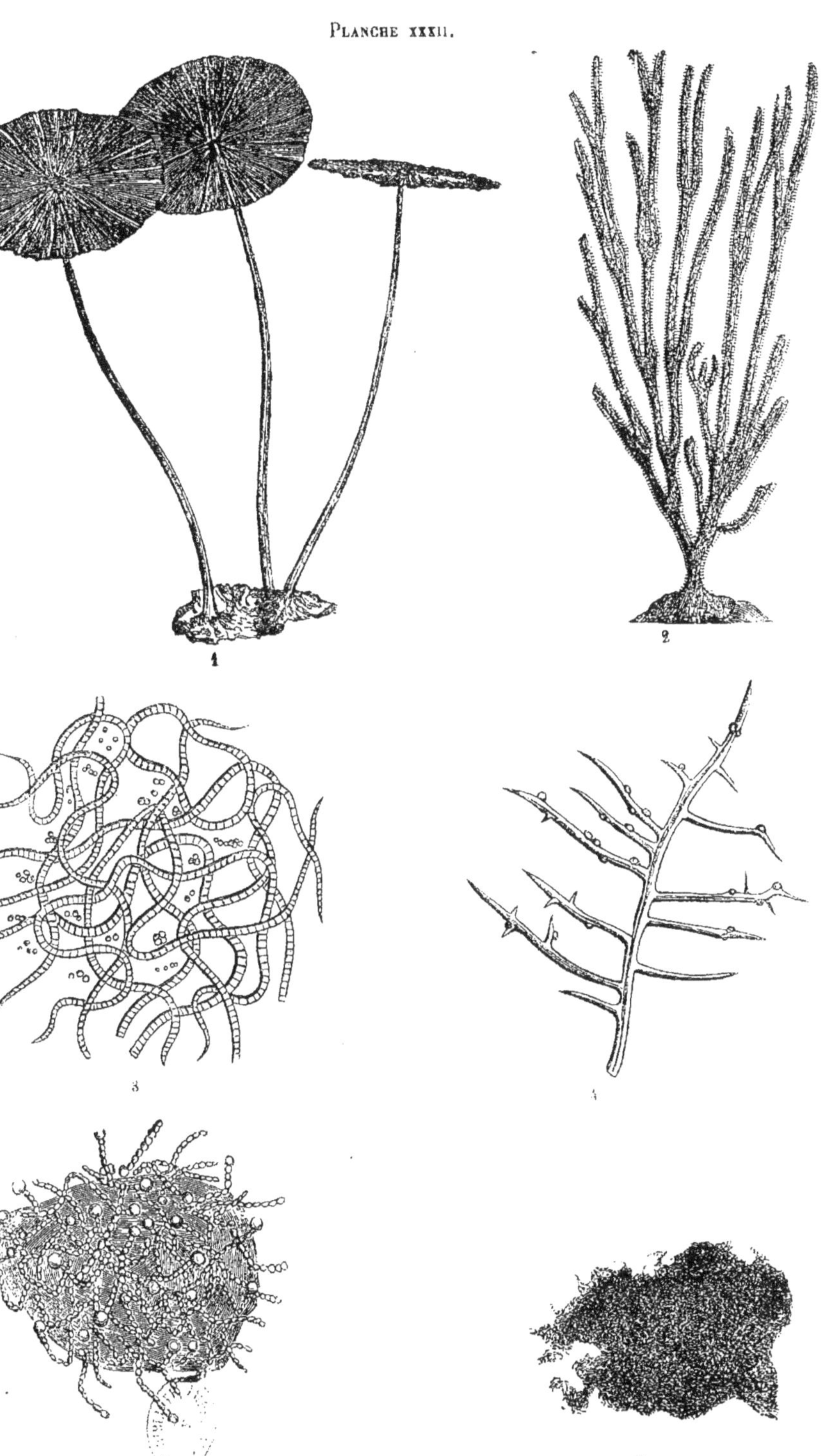

PLANCHE XXXIII.

1 Dionée Attrape Mouche.

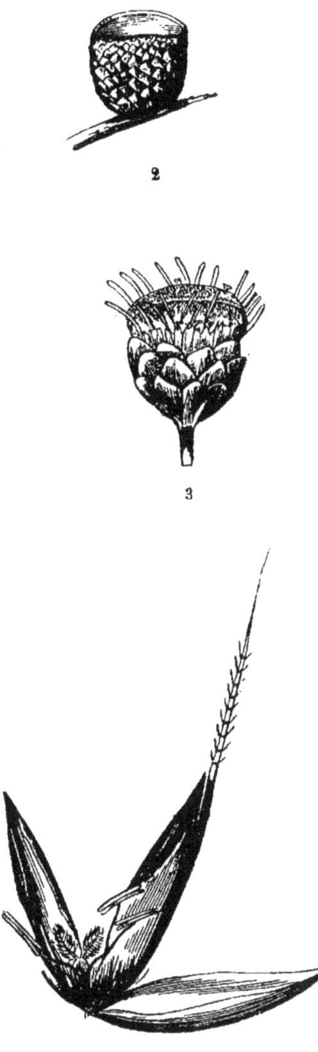

2

3

4

PLANCHE XXXIV.

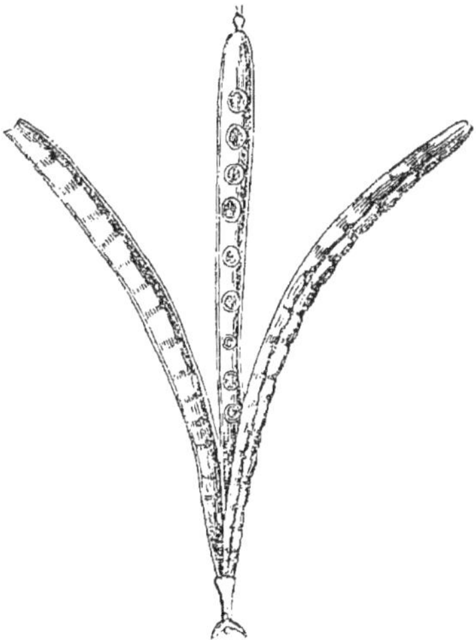

1

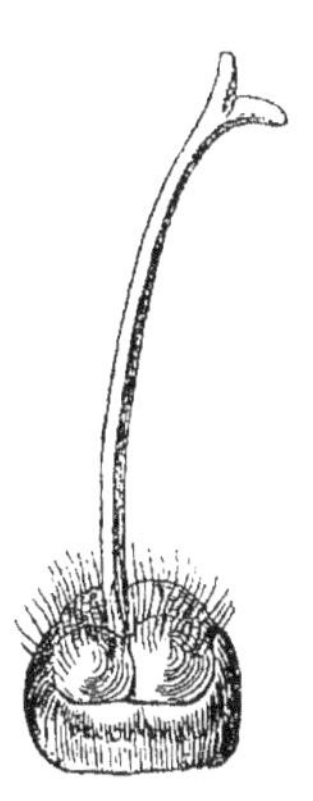

2

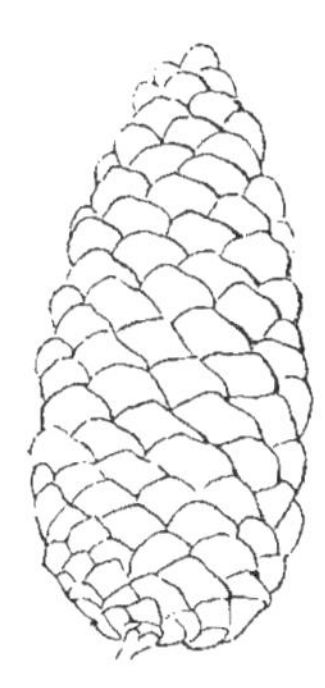

3

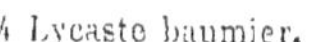

4 Lycaste baumier.

5

PLANCHE XXXV.

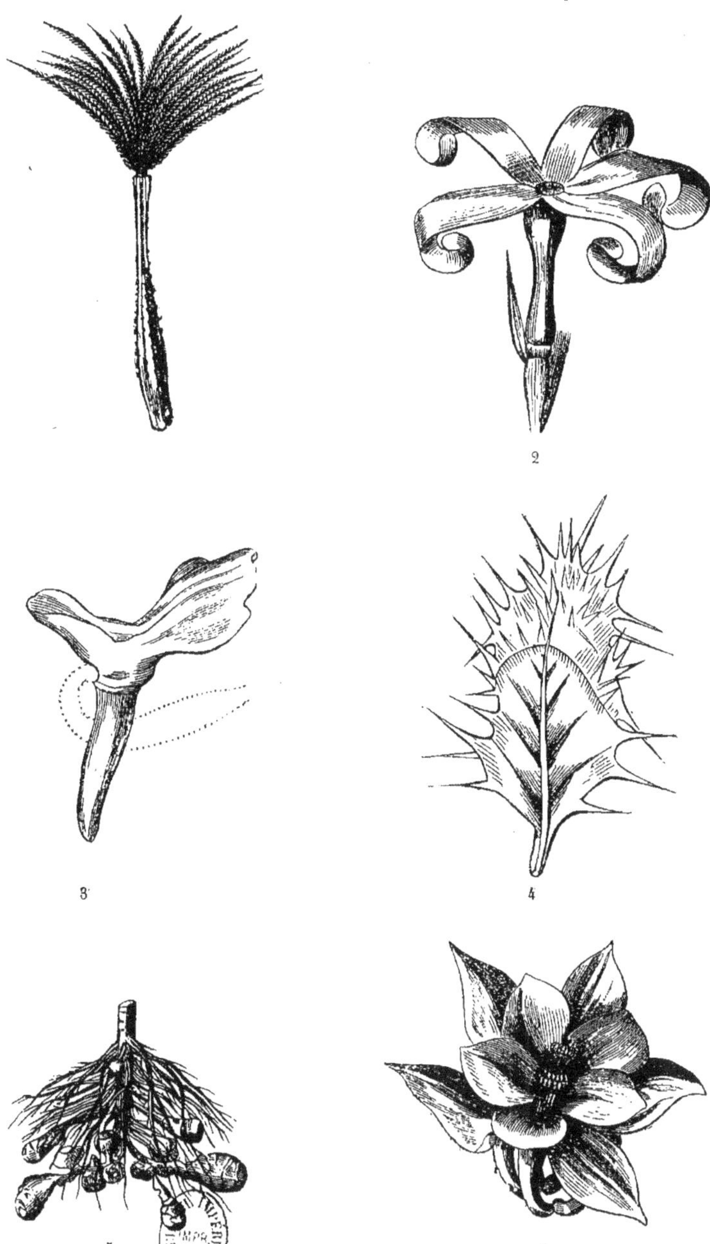

PLANCHE XXXVI.

Sceau de la Vierge.

PLANCHE XXXVII

1

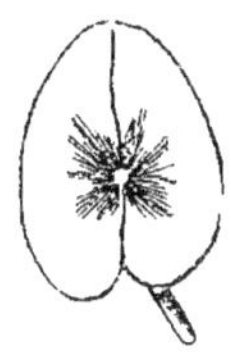

4

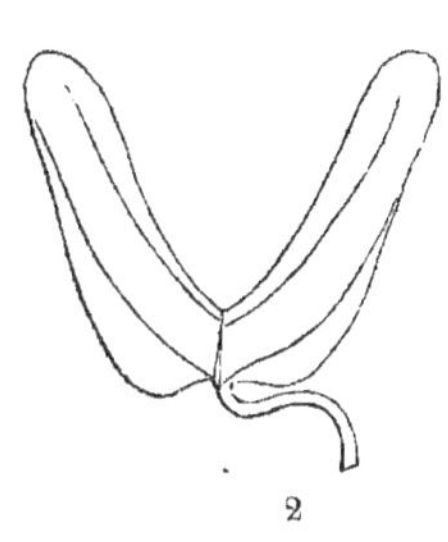

2

5

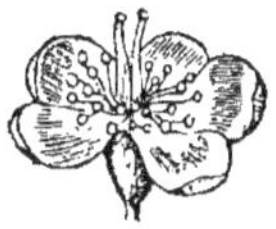

6

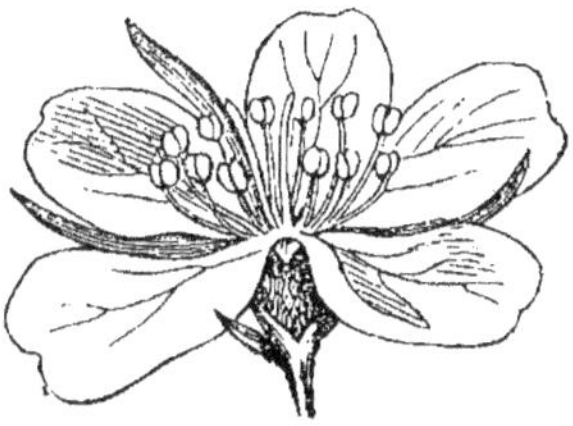

3

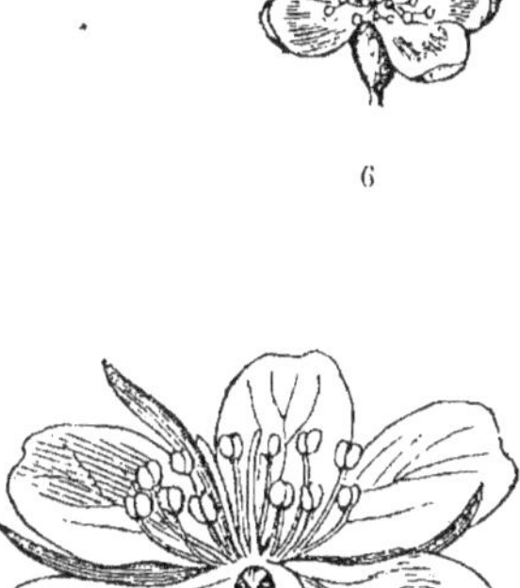

7

PLANCHE XXXVIII.

1 Oxalide violette.

PLANCHE XXXIX.

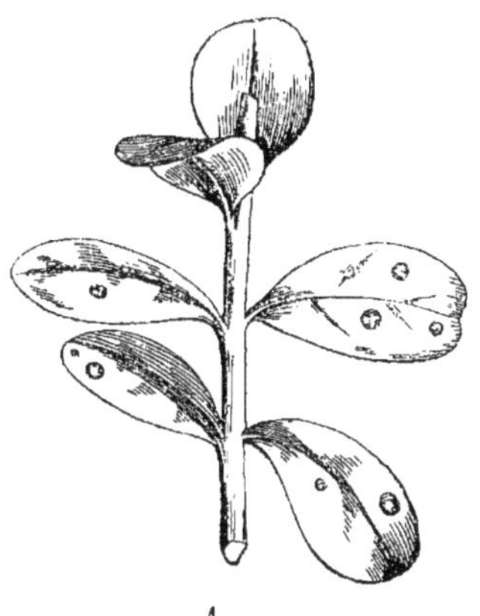

1

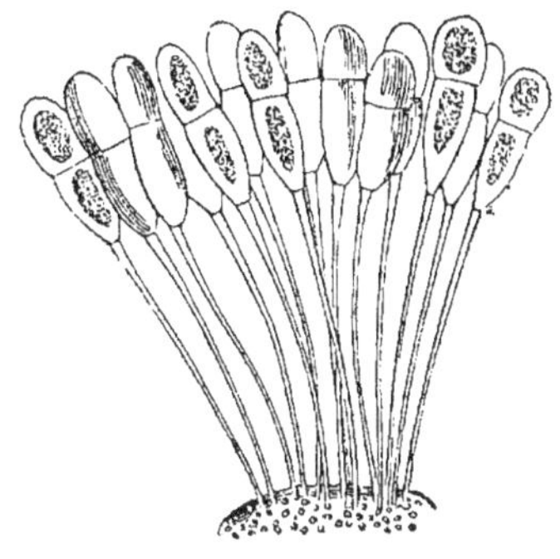

2

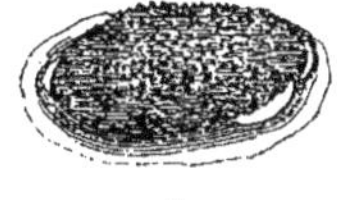

3

ECOSSE SC.

4 Uredo effusia.

PLANCHE XL.

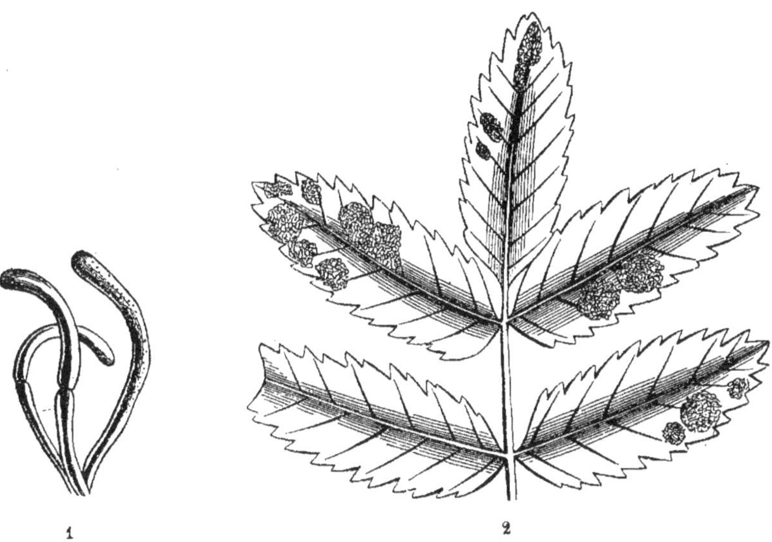

3 Marchante étoilée.

PLANCHE XLI.

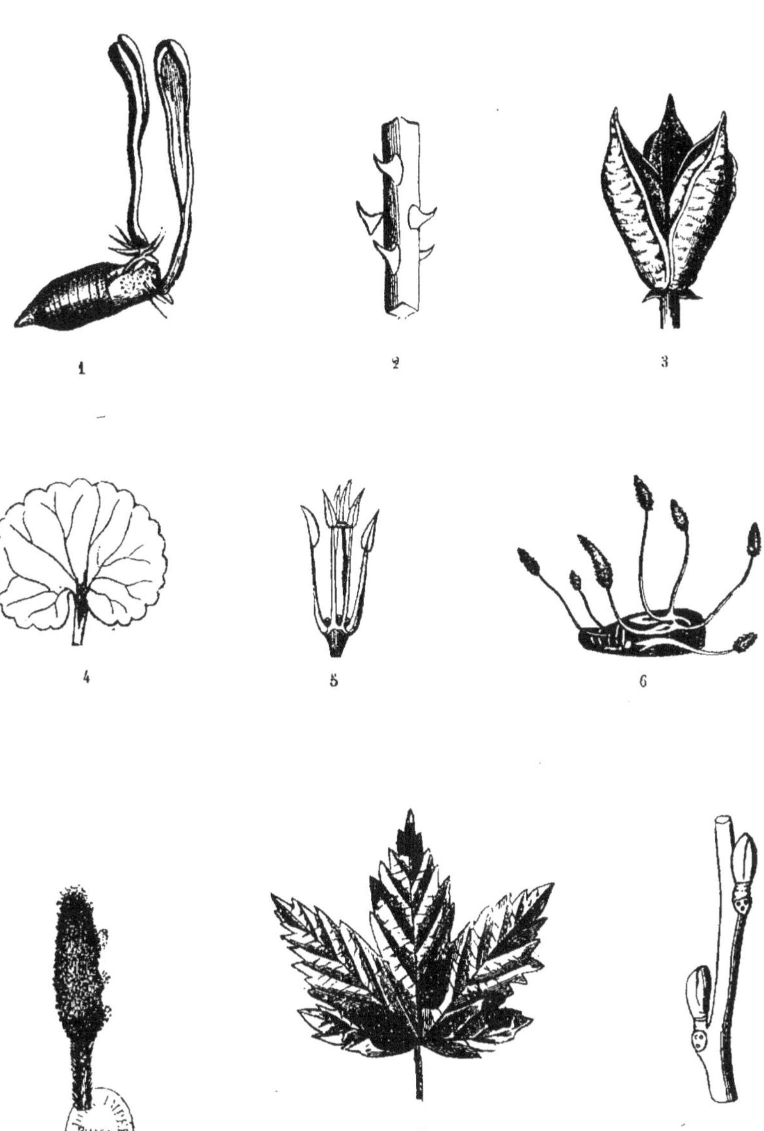

Planche XLII.

1 Canne à sucre.

PLANCHE XLIII.

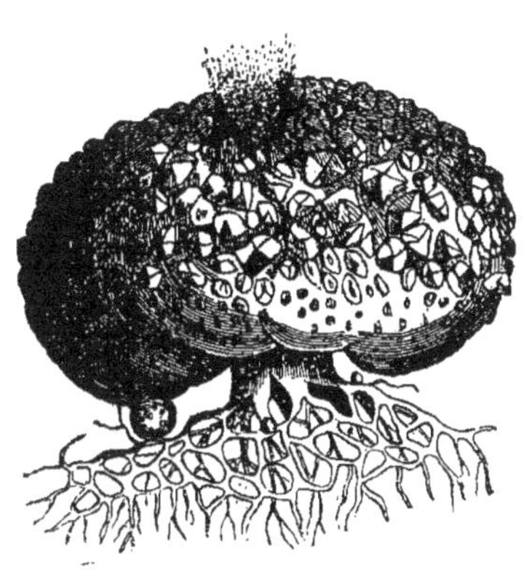

1

2

3

4

5 Bovista gigantea.

PLANCHE XLIV.

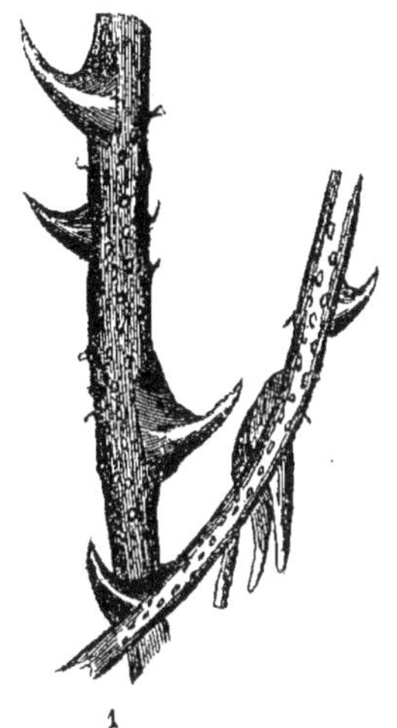

1

2

3

4

5

6

PLANCHE XLV.

1

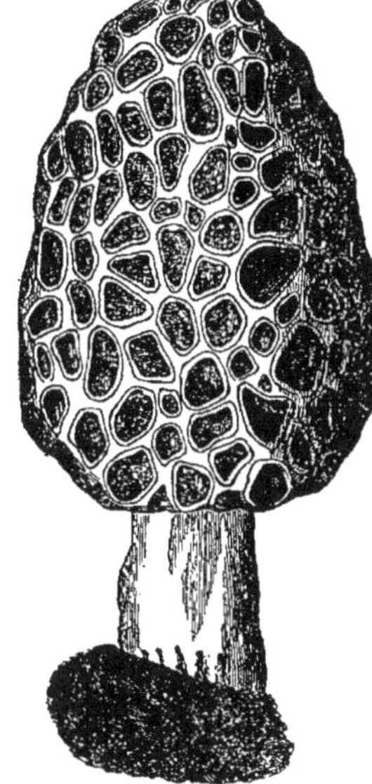

3 Morille commune.

2

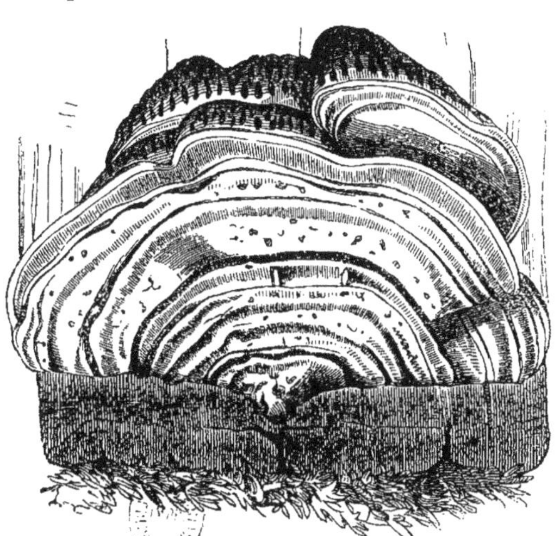

4 Dédalæa quercina.

PLANCHE XLVI.

1

2

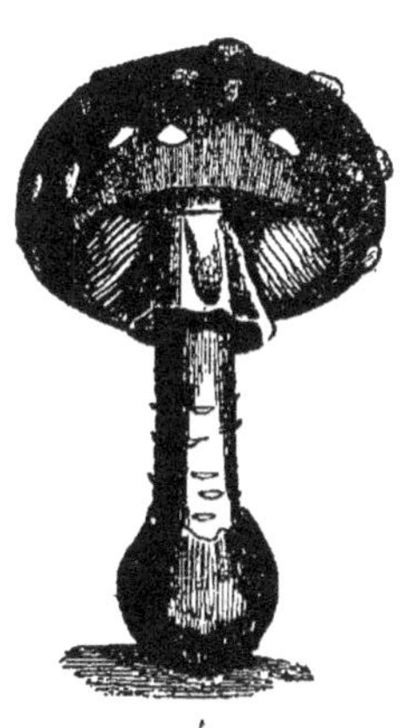

4

3 Agaric de Vitadini.

PLANCHE XLVII.

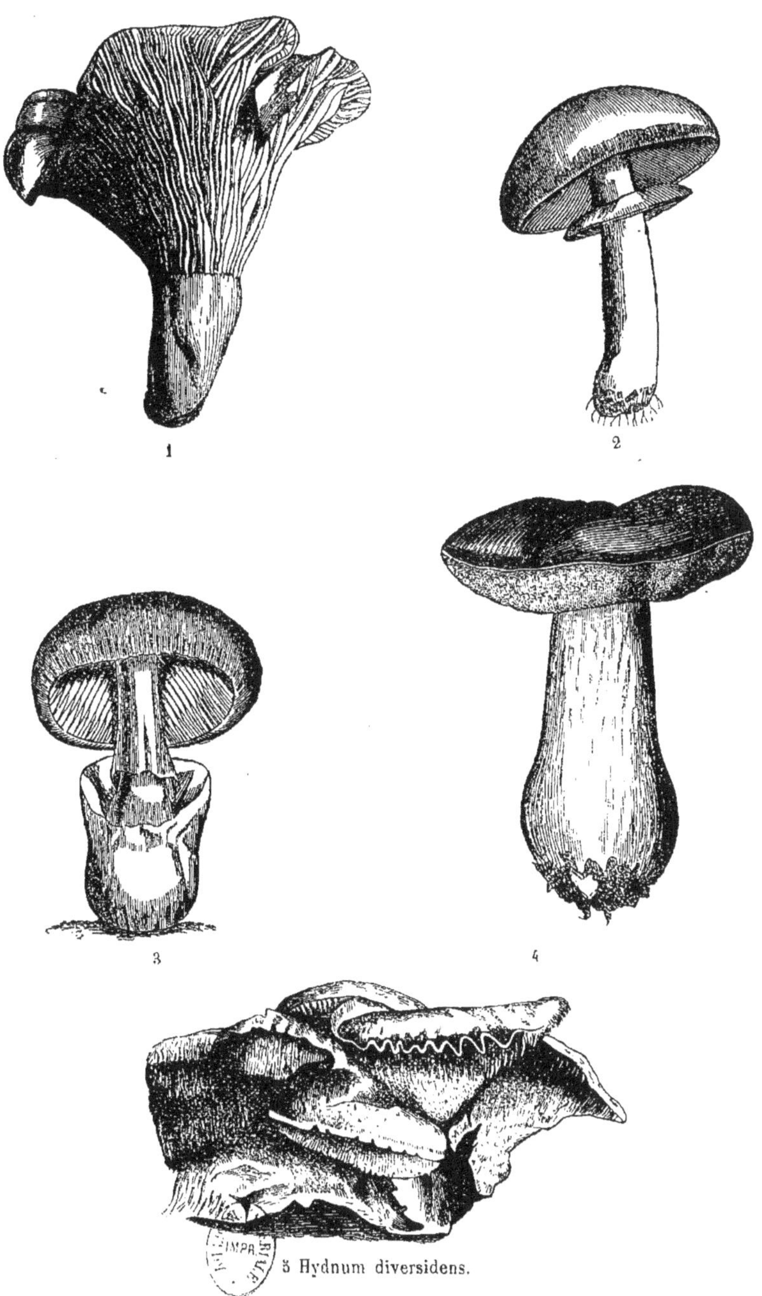

5 Hydnum diversidens.

Planche XLVIII.

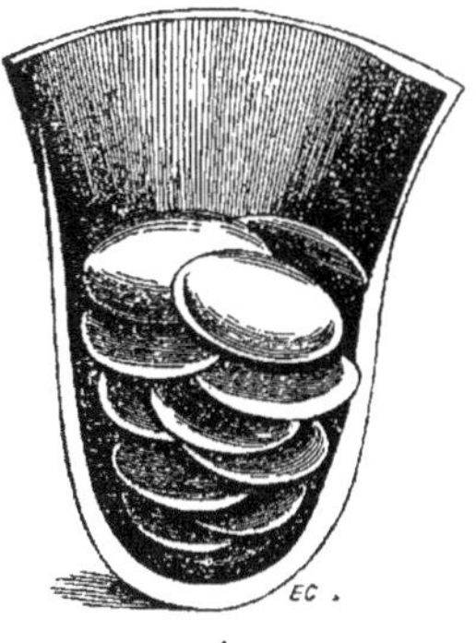

1

2

3

4

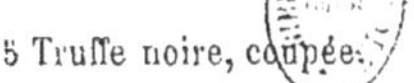

5 Truffe noire, coupée.

6 Truffe noire, entière.

PLANCHE XLIX.

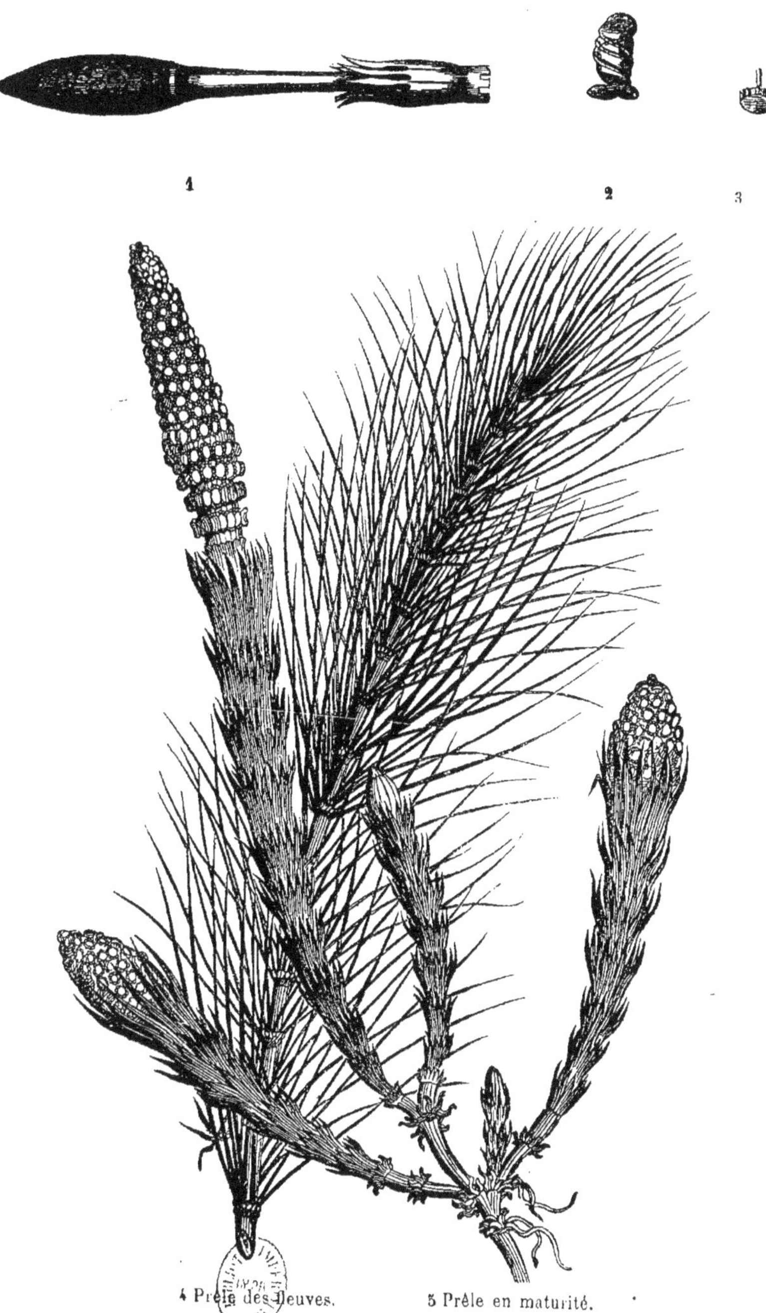

4 Prêle des fleuves. 5 Prêle en maturité.

Planche L.

1

3

4

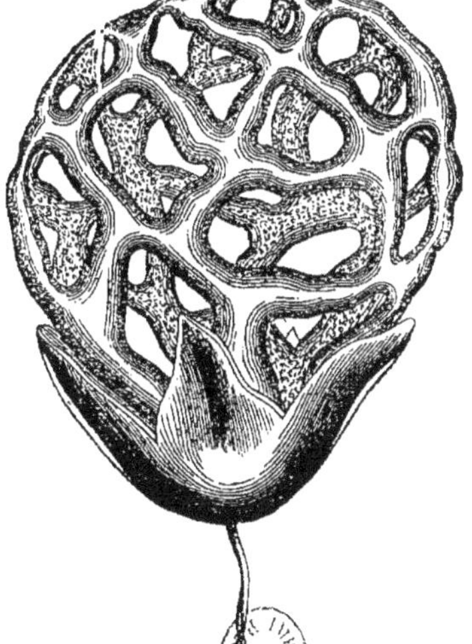
2 Chlatre grille.

5 Clavaria stricta.

PLANCHE LI.

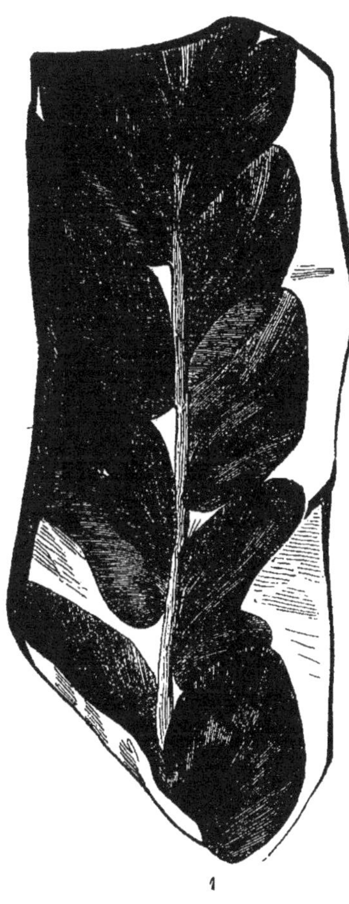

1

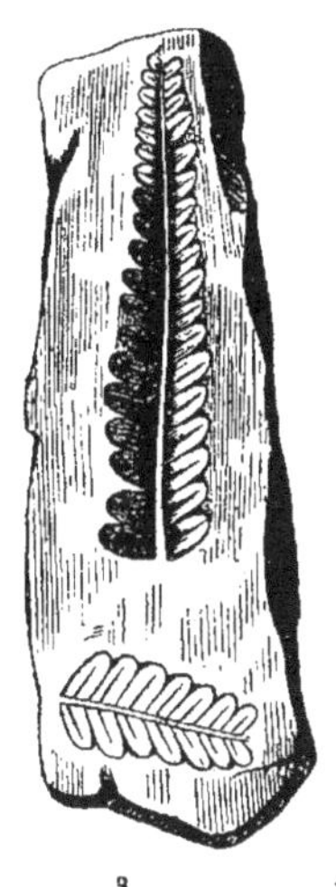

3

4

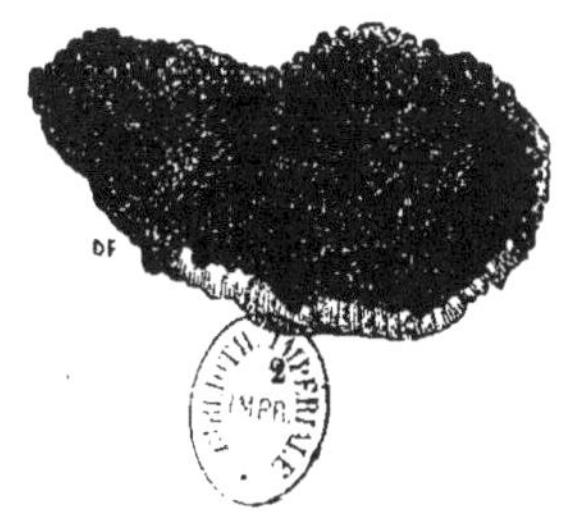

2

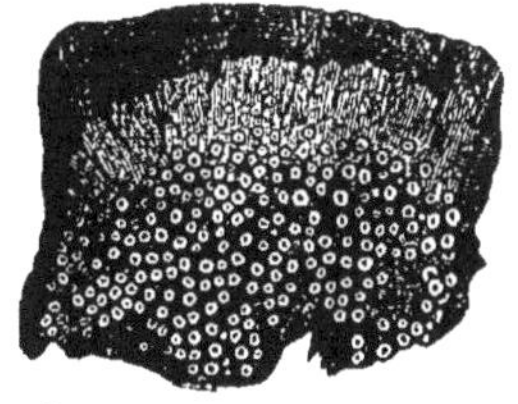

5

PLANCHE LII.

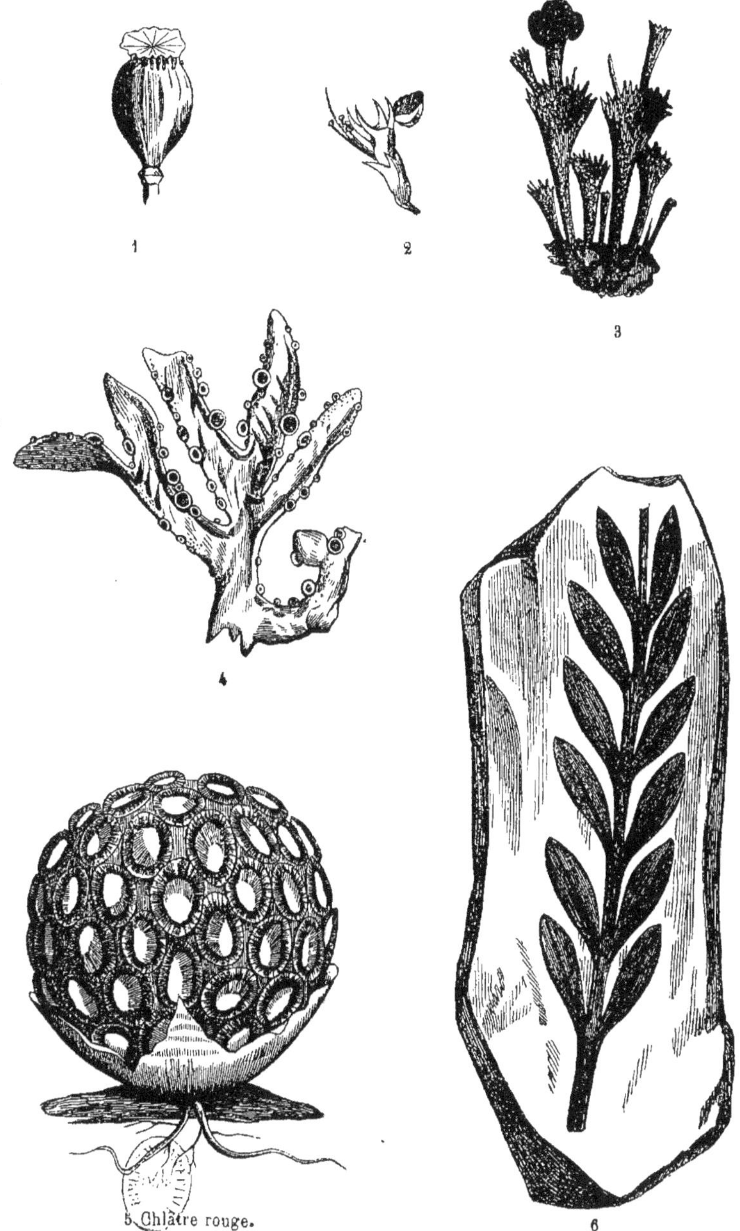

PLANCHE LIII.

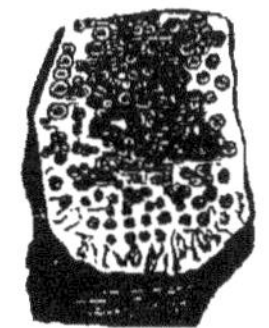

1

2

3

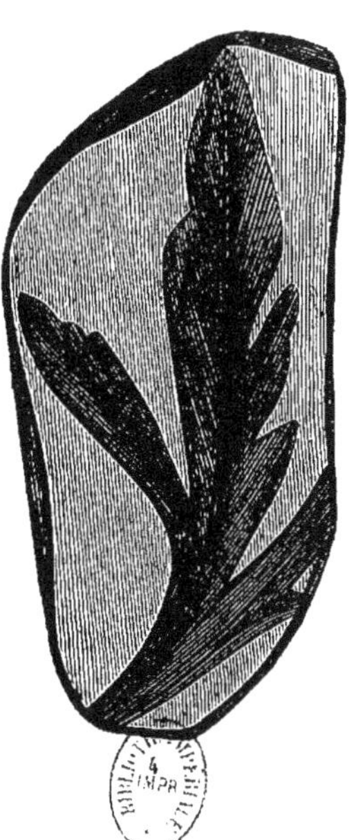

4

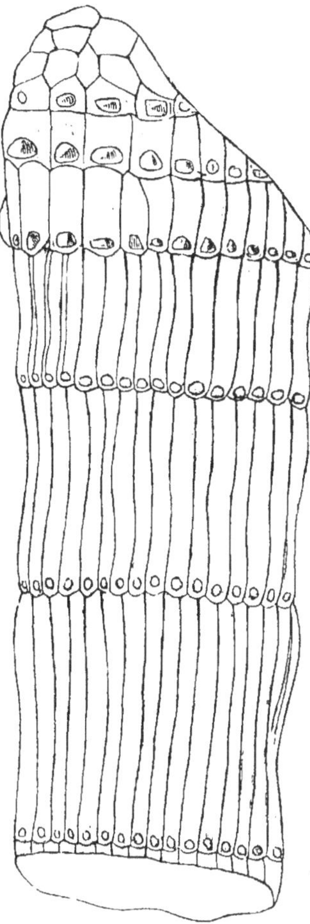

5 Calamites decoratus.

PLANCHE LIV

1 Éphémère de Verginie.

2 Adianthum tenerum (capillaires).

PLANCHE LV.

1

2

3

4

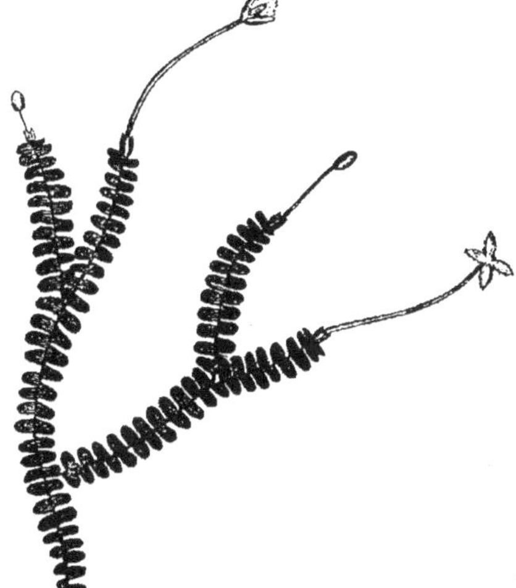

5 Jungermania asplenoïdes.

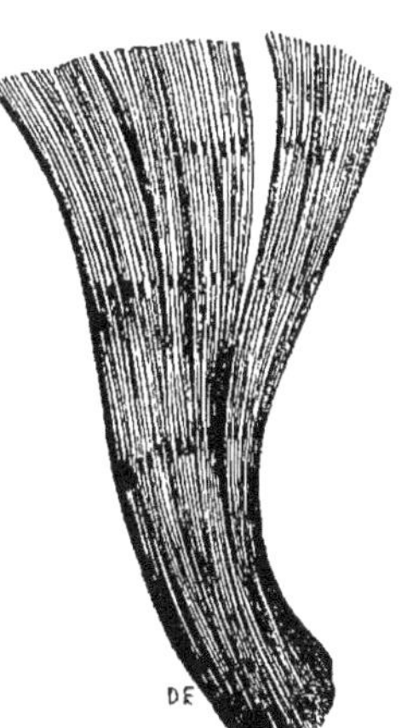

6 Ozonium auricomum.

PLANCHE LVI.

1 Stricta marginifera.

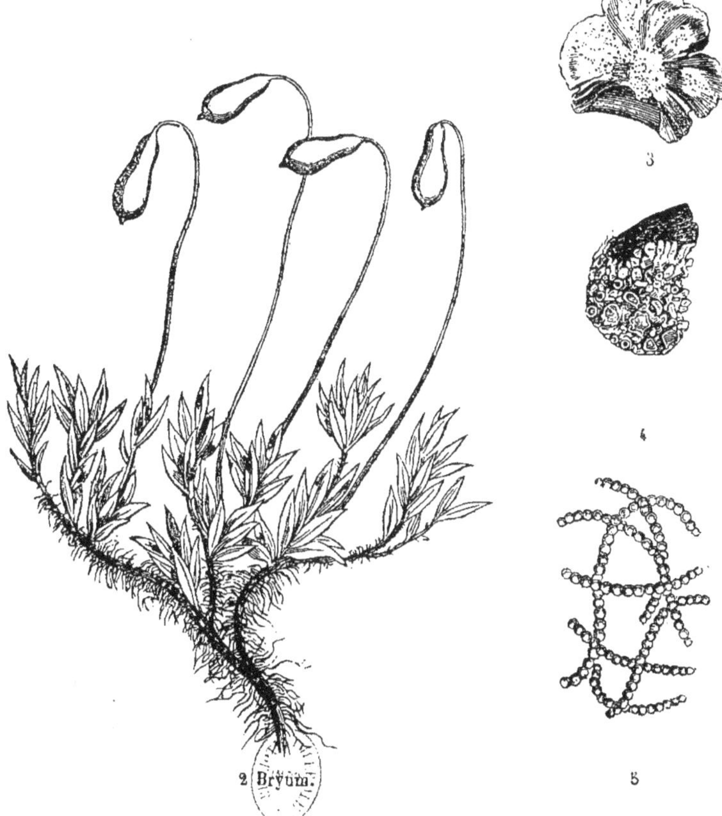

2 Bryum.

1

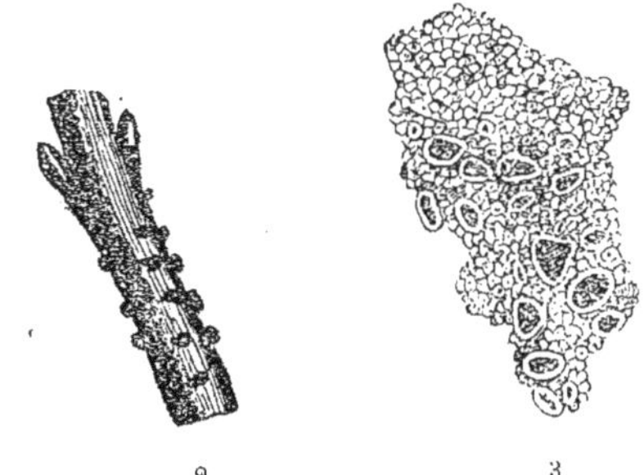

2 3

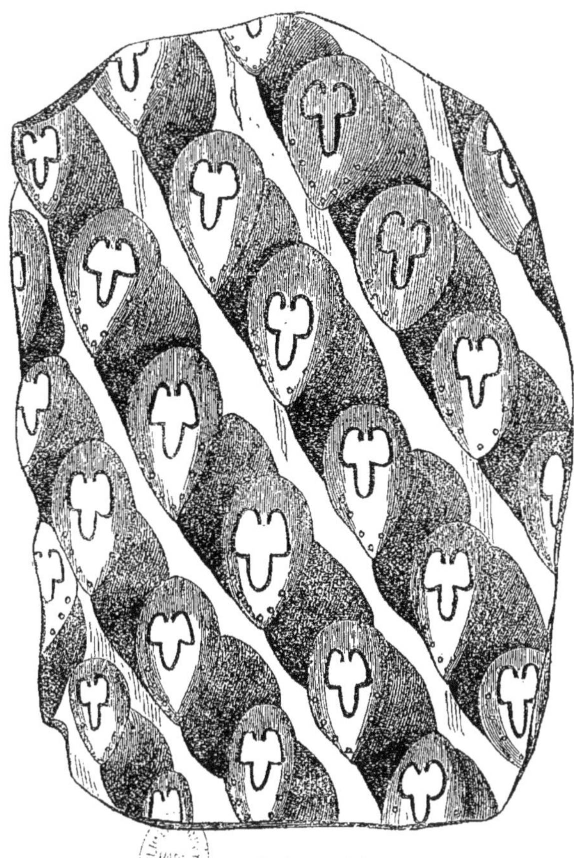

4 Sigillaria punctata.

PLANCHE LVIII.

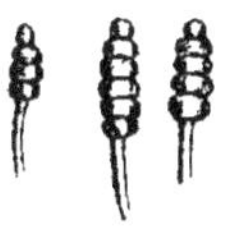

1

2

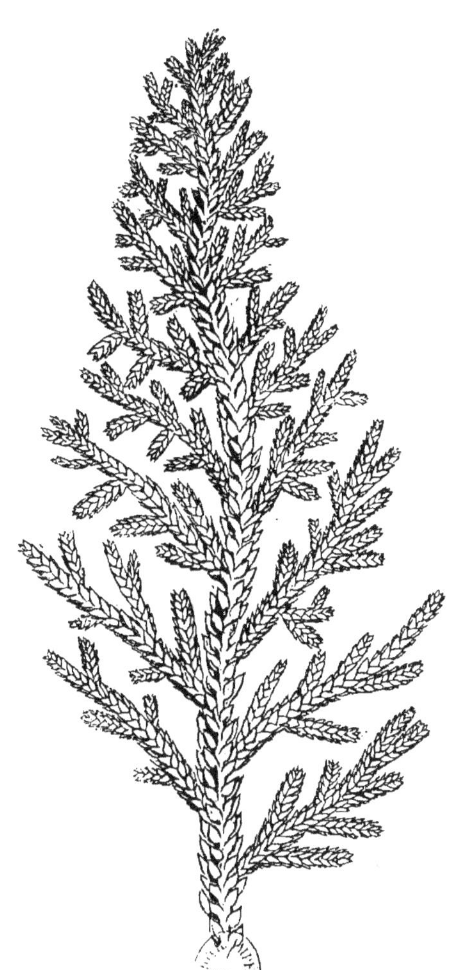

4 Lycopode de Spring.

PLANCHE LIX.

1 Vanille aromatique.

2 Lycopode Jougermanne.

PLANCHE LX.

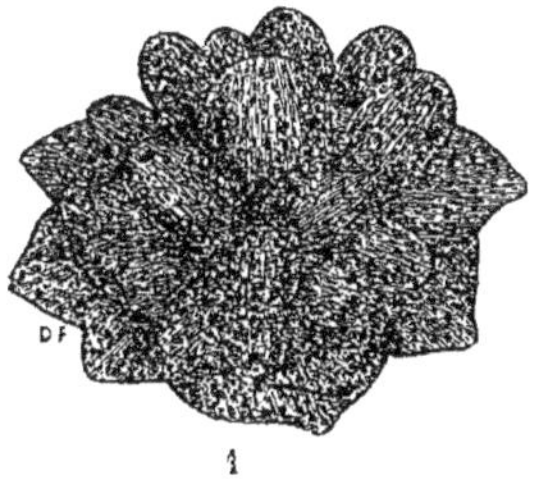

1

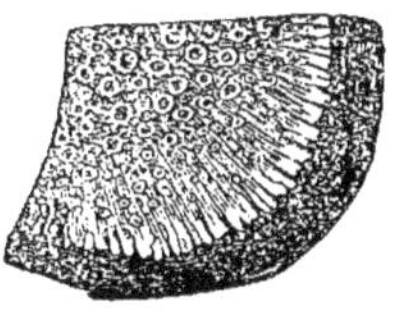

2

3 Pteris aquilina.

PLANCHE LXI.

1 Riz cultivé

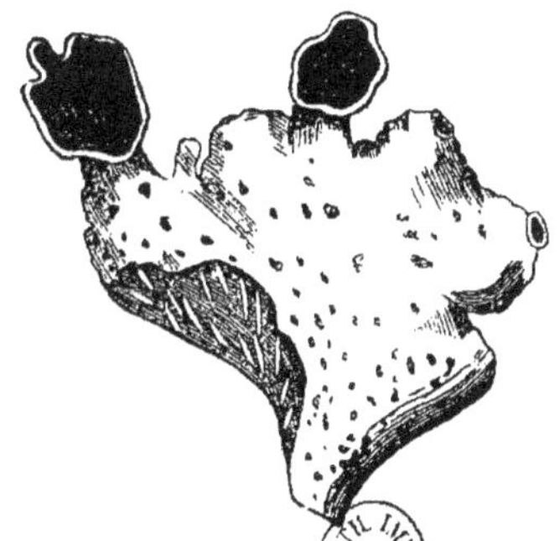

2 Anthoceros bilobata.

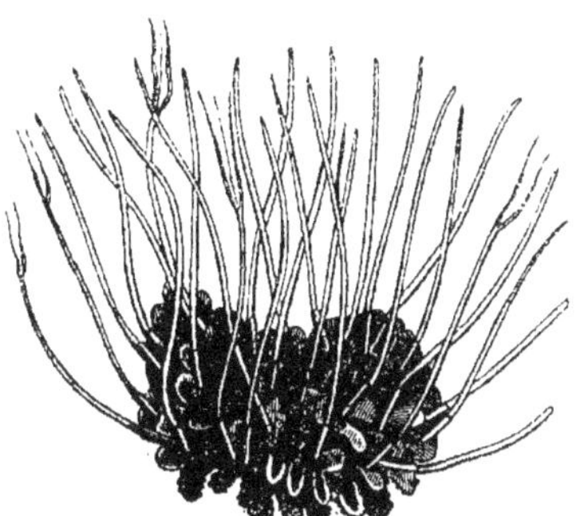

3 Peltigera aphtosa.

PLANCHE LXII.

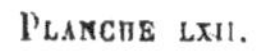

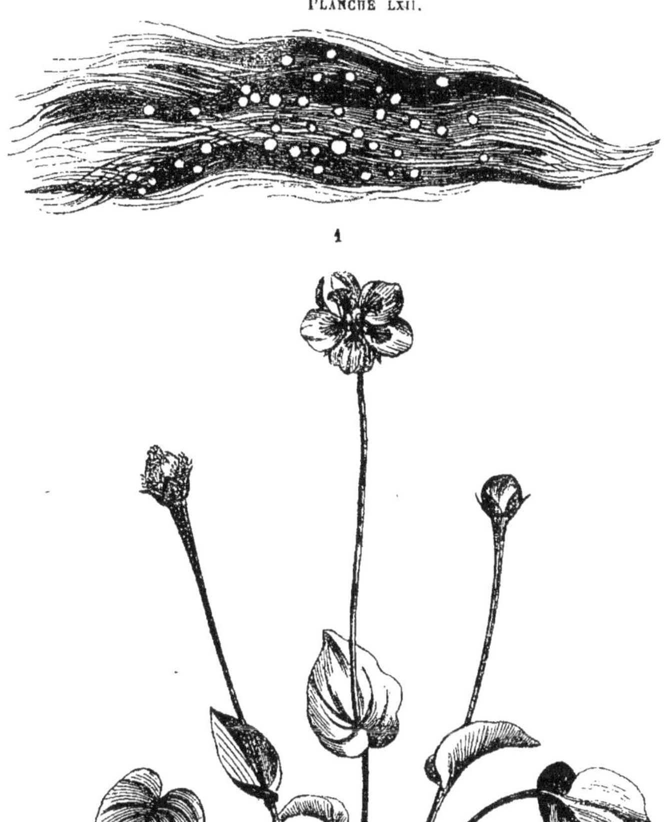

1

2 Parnassie des marais.

PLANCHE LXIII.

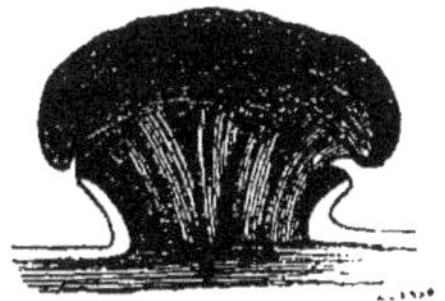

1

2

3 Feuille de fougère.

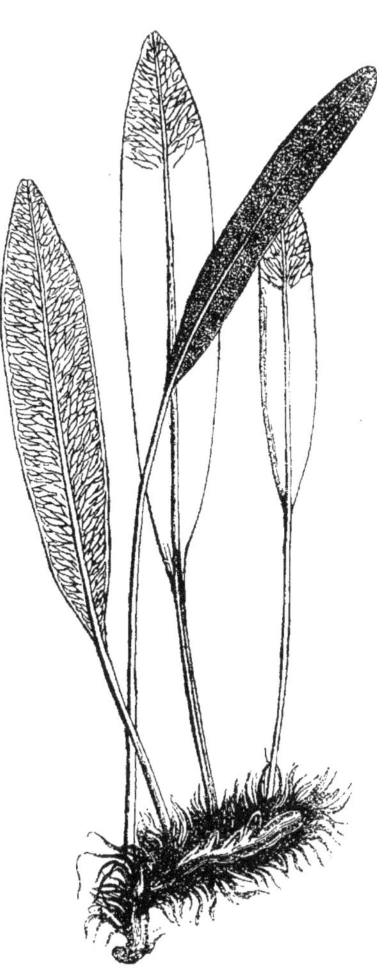

4 Fougère (Olfersia).
Racine et feuilles.

PLANCHE LXIV.

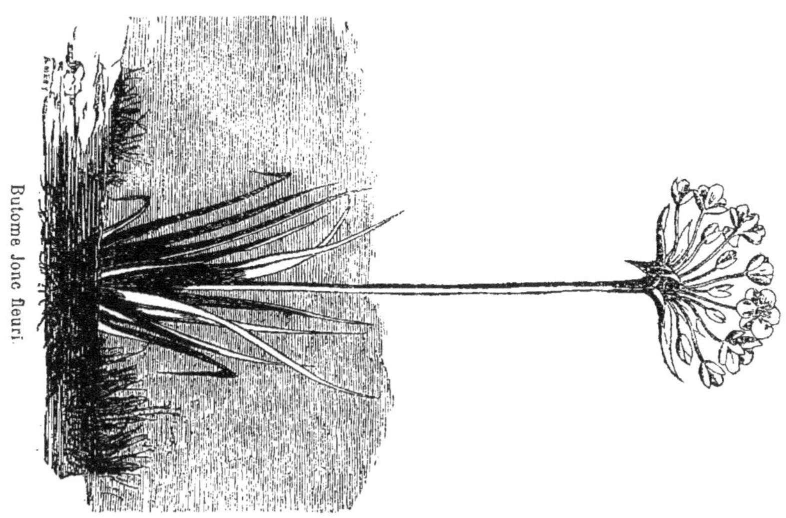

Butome Jonc fleuri.

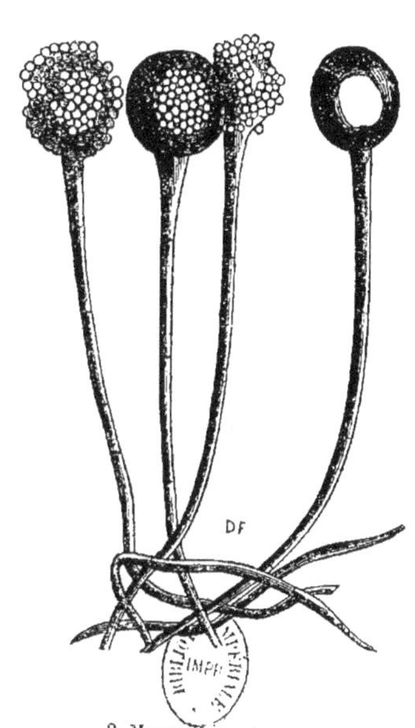

2 Mucor mucedo.

3 Ivraie vivace.

Planche LXV.

1

2 Varaire cévadille.

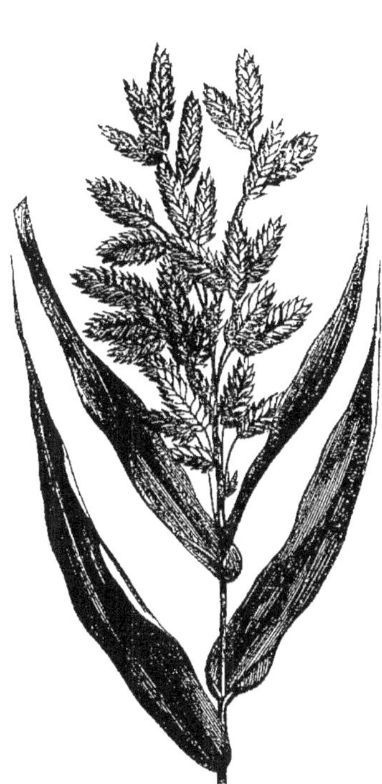

3 Uniole à larges feuilles

PLANCHE LXVI.

1 Ambrosinia.

2 Avoine commune.

PLANCHE LXVII.

1

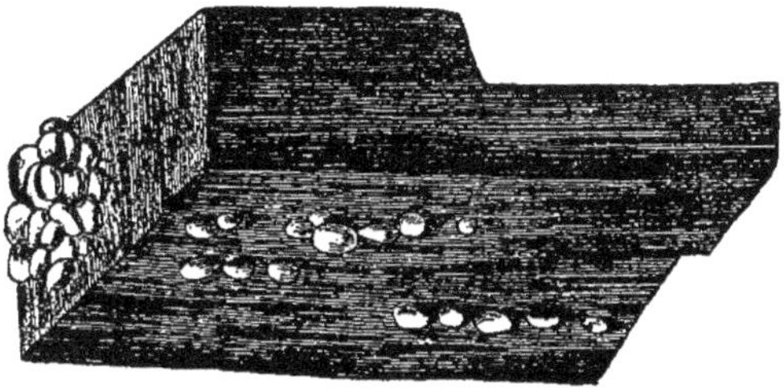

2

3 Colchique d'automne.

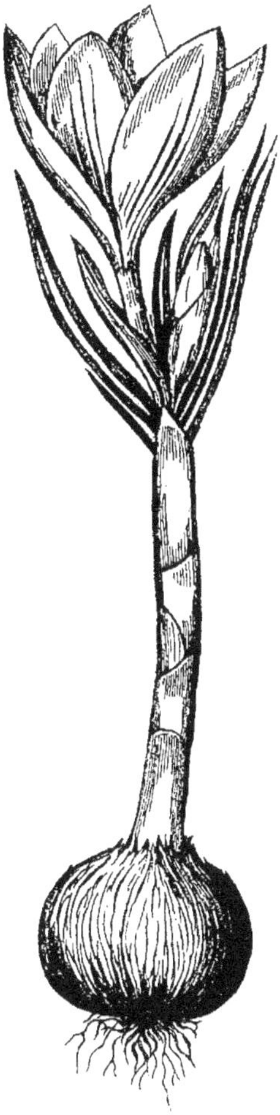

4 Crocus ou safran.

PLANCHE LXVIII.

1

2

3 Acrostichum alicorne.

PLANCHE LXIX.

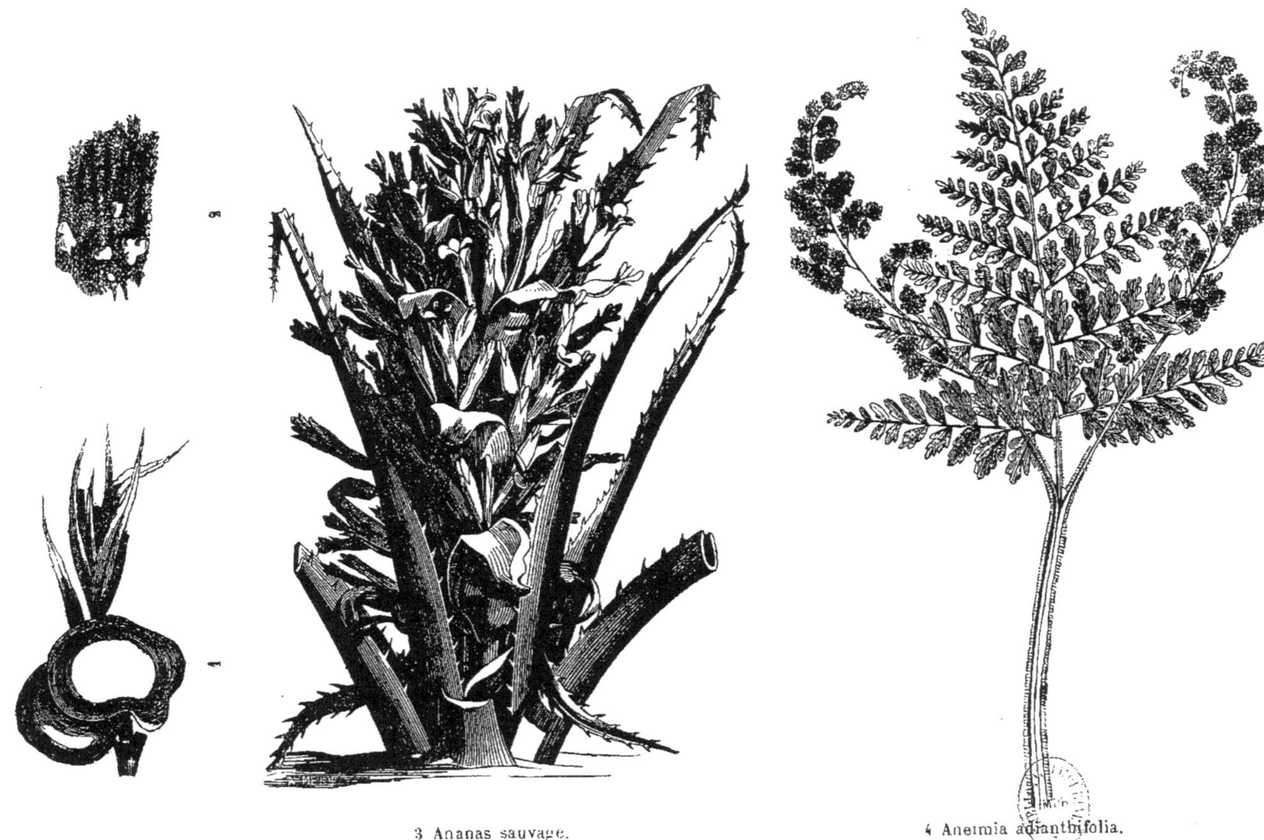

3 Ananas sauvage.

4 Anemia adianthifolia.

PLANCHE LXX.

1 Fritillaire ou impériale.

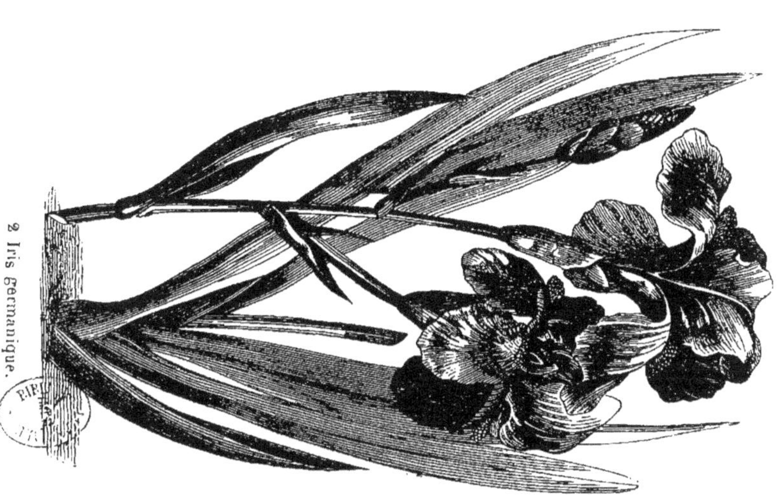

2 Iris germanique.

Planche LXXI.

1 Narcisse des Poëtes.

2 Pourretia coarctata.

4

PLANCHE LXXII.

1 Rajanie en cœur.

2 Ferrarie ondulée.

PLANCHE LXXIII.

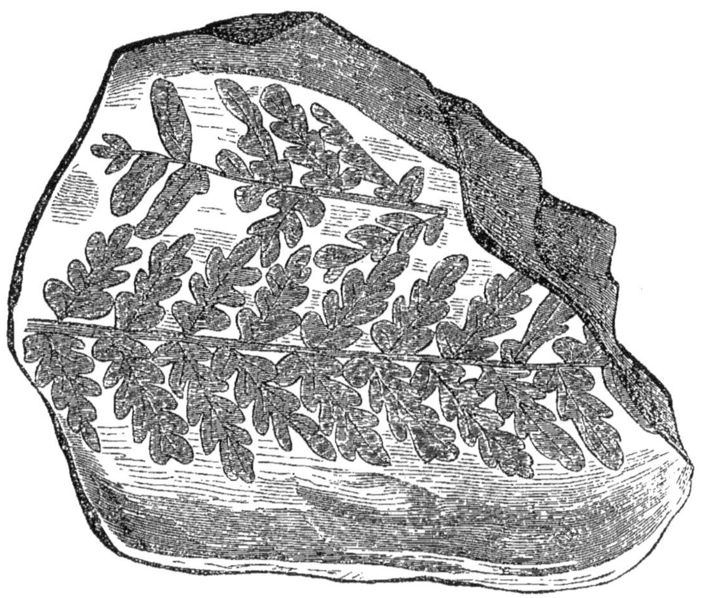

1 Pecopteris Sellimanni.

2 Parmélie du Tilleul.

PLANCHE LXXIV.

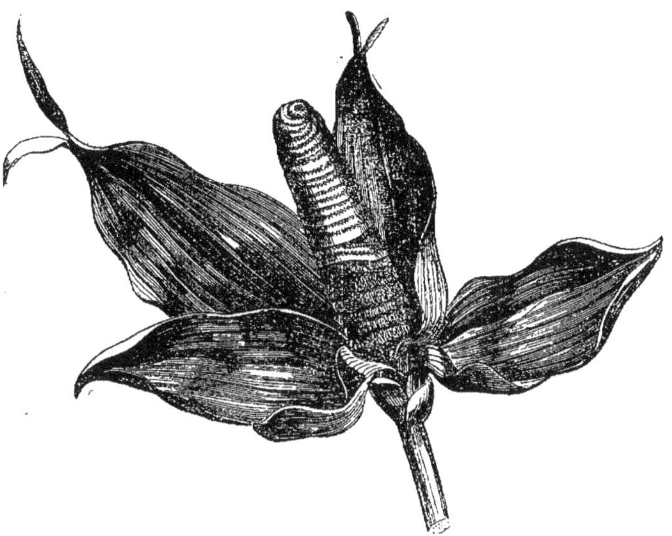

1 Cyclanthe à deux feuilles.

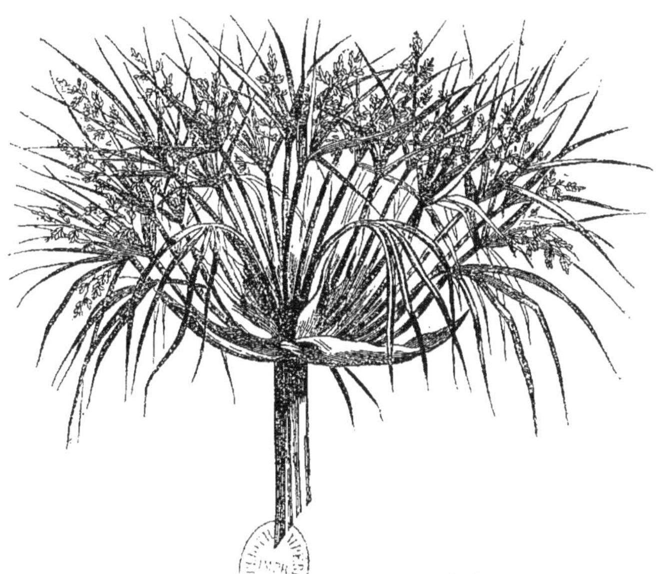

2 Papyrus des anciens (Souchet).

Planche LXXV.

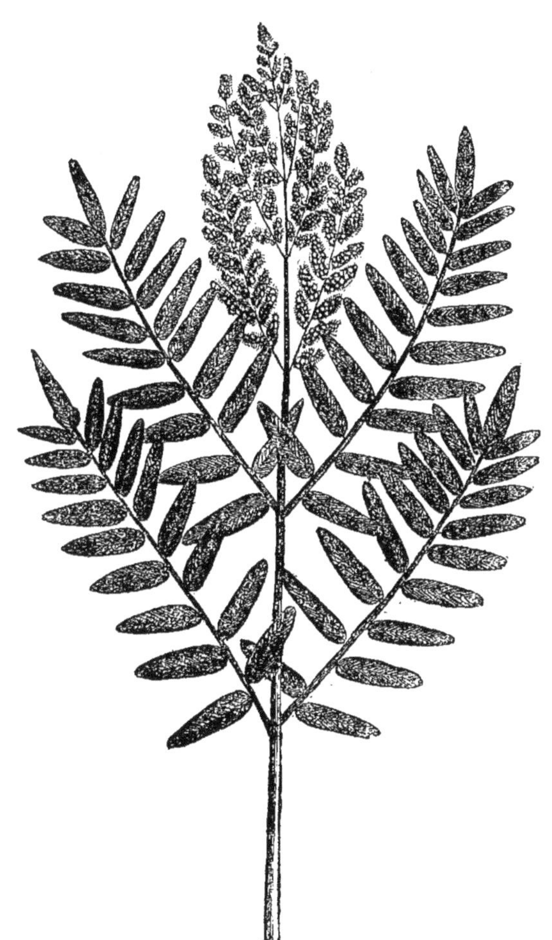

1 Osmunda regalis.

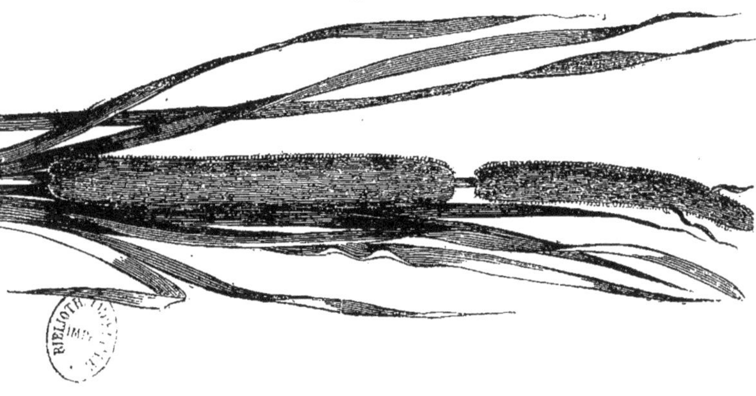

2 Massette.

PLANCHE LXXVI.

1 Laiche en gazon.

2 Marsilea quadrifolia.

PLANCHE LXXVII.

1

2

3 Dattier.

PLANCHE LXXVIII.

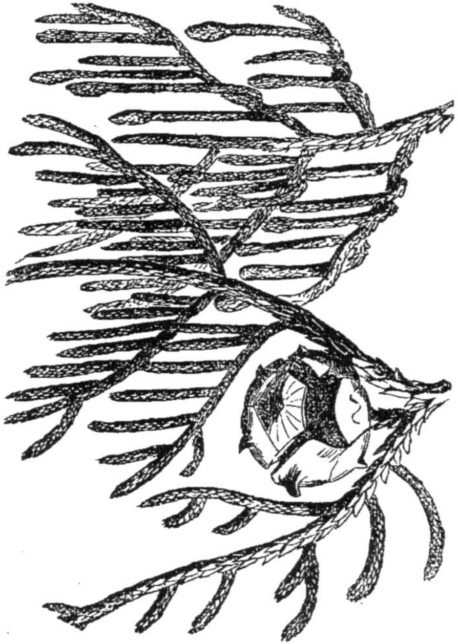

1 Cyprès pleureur.

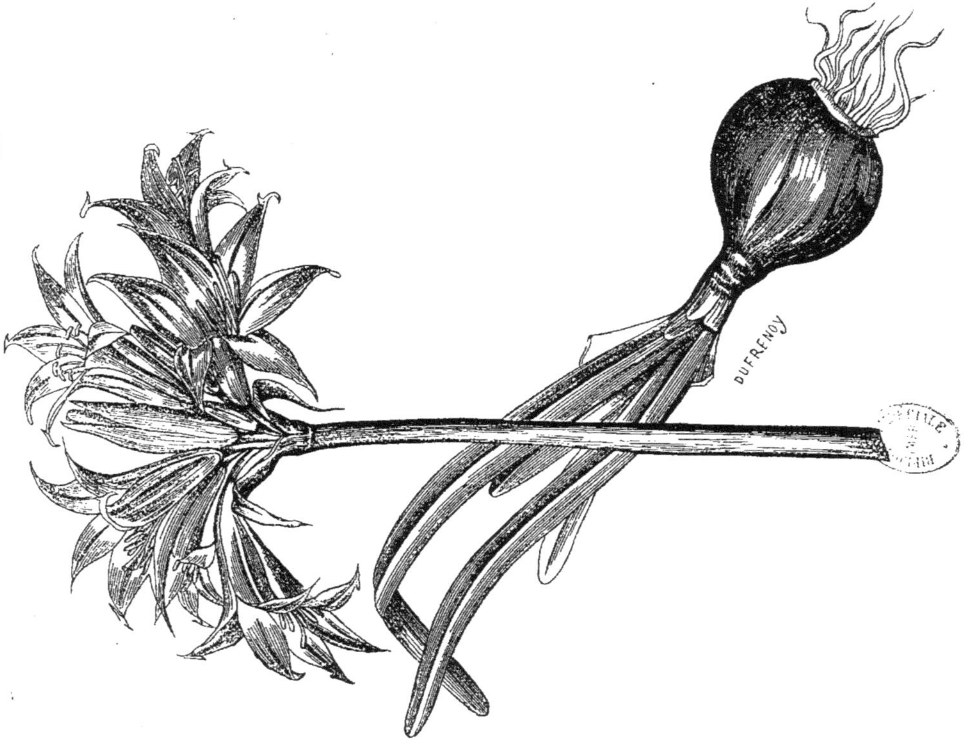

2 Amaryllis Belladone.

DUFRENOY

PLANCHE LXXIX.

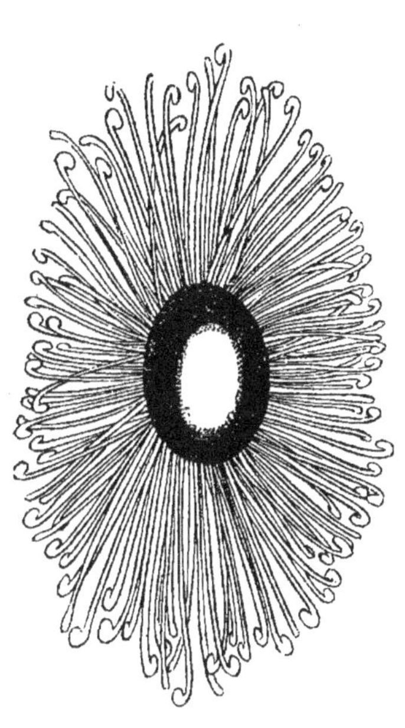

1

2 Millepertuis.

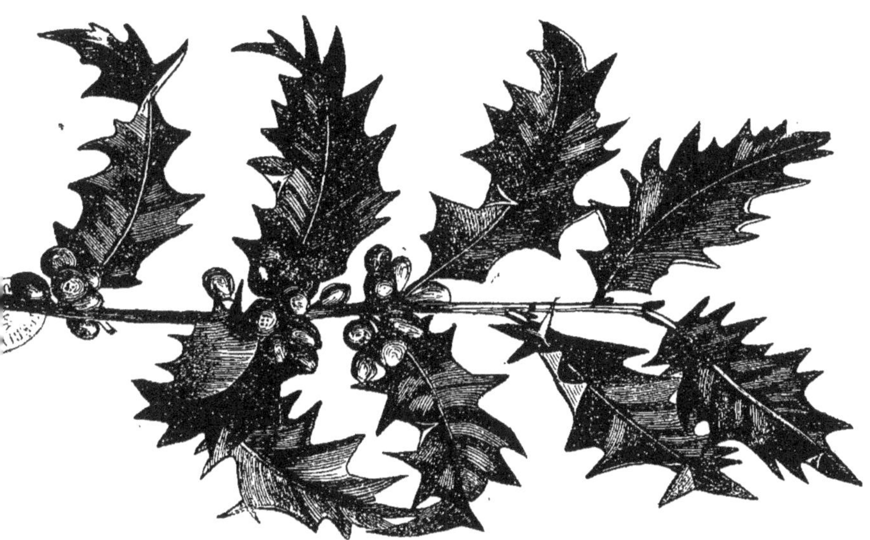

3 Houx commun.

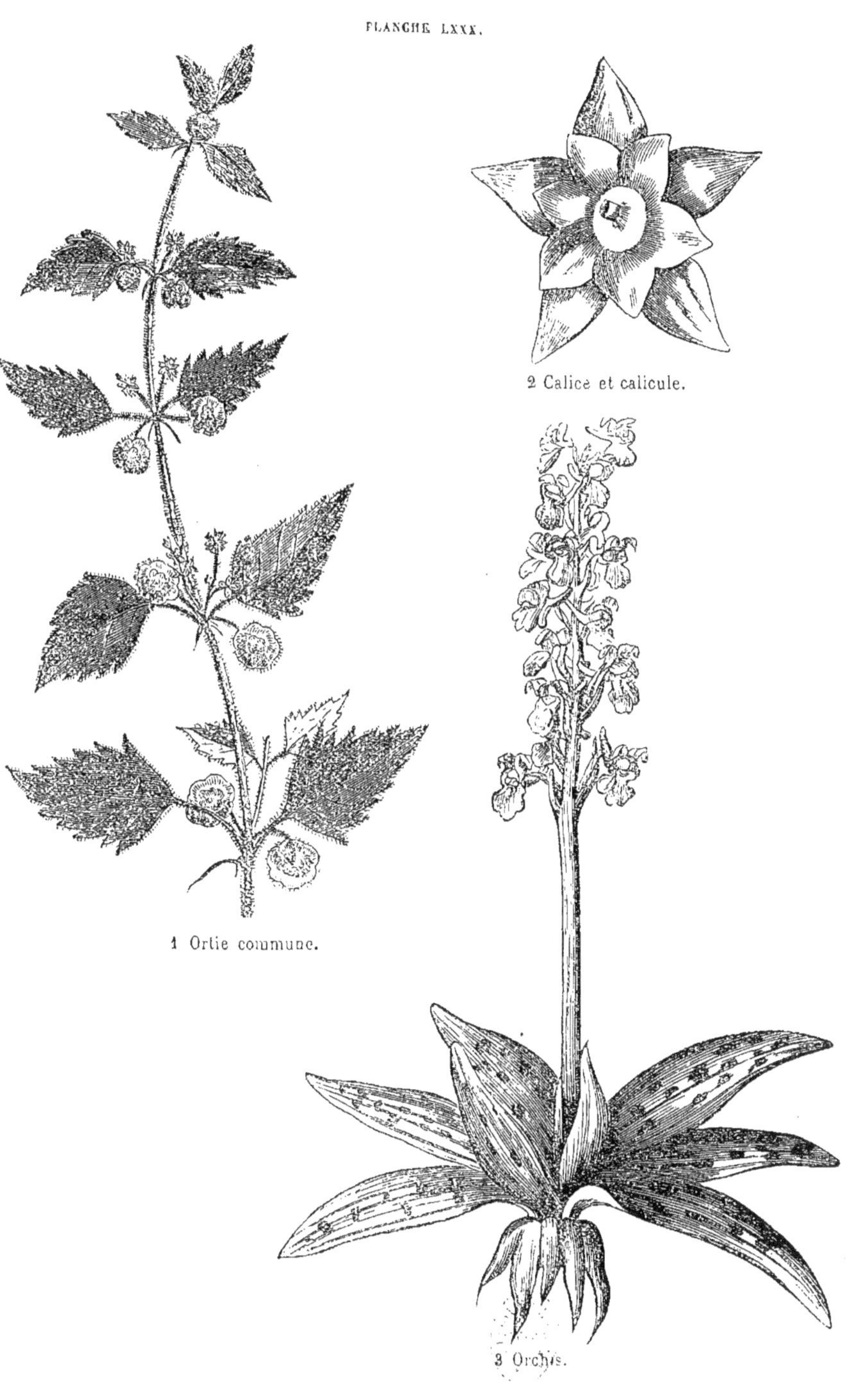

2 Calice et calicule.

1 Ortie commune.

3 Orchis.

Planche LXXXI

1 Médicinier.

2 Botrychium lunaire.

PLANCHE LXXXII.

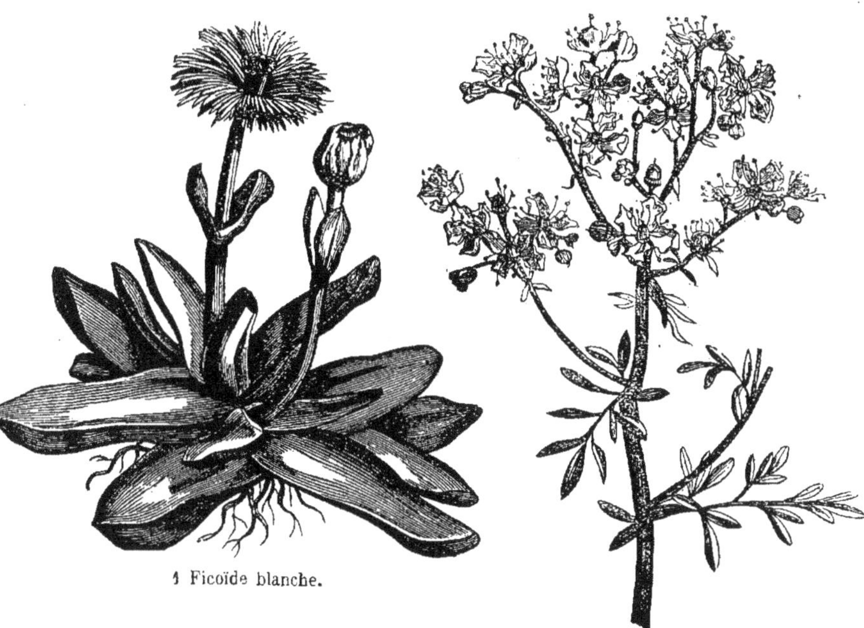

1 Ficoïde blanche.

2 Rue odorante.

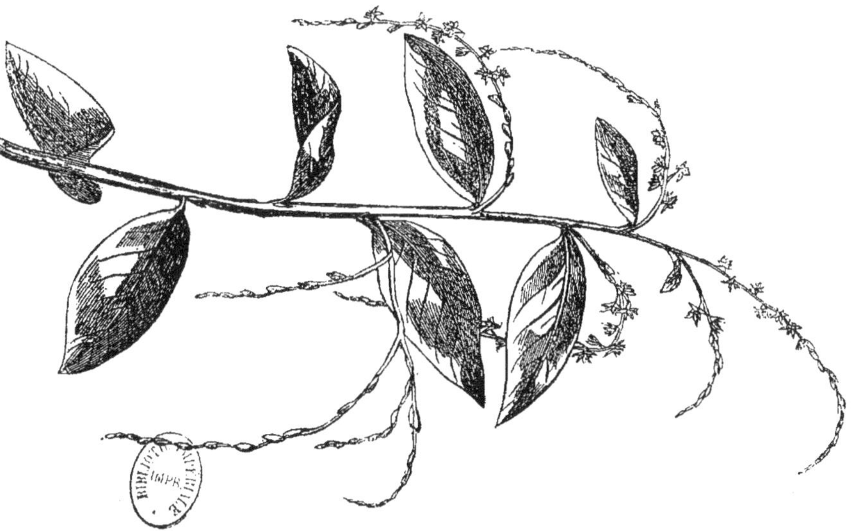

3 Petiveria alliacée.

PLANCHE LXXXIII.

1 Noyer.

PLANCHE LXXXIV.

1 Frêne.

2 Sensitive.

PLANCHE LXXXV.

1 Dammara austral.

2 Poivrier élégant.

PLANCHE LXXXVI.

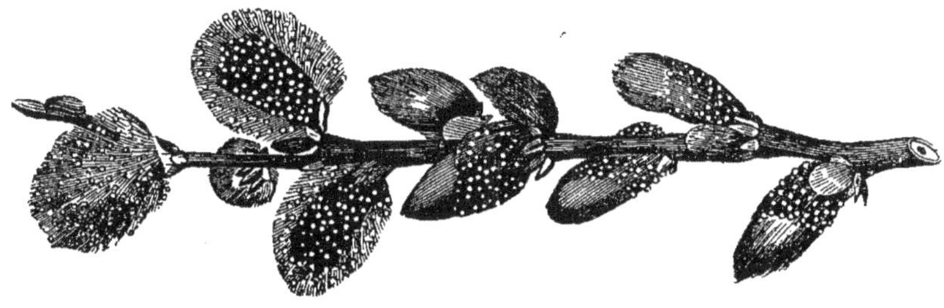

1 Saule Marceau (mâle).

2 Kalmie à feuilles étroites.

3 Charme.

PLANCHE LXXXVII.

1 Chêne rouvre.

2 Muscadier aromatique.

PLANCHE LXXXVIII.

1 Gingembre officinal.

PLANCHE LXXXIX.

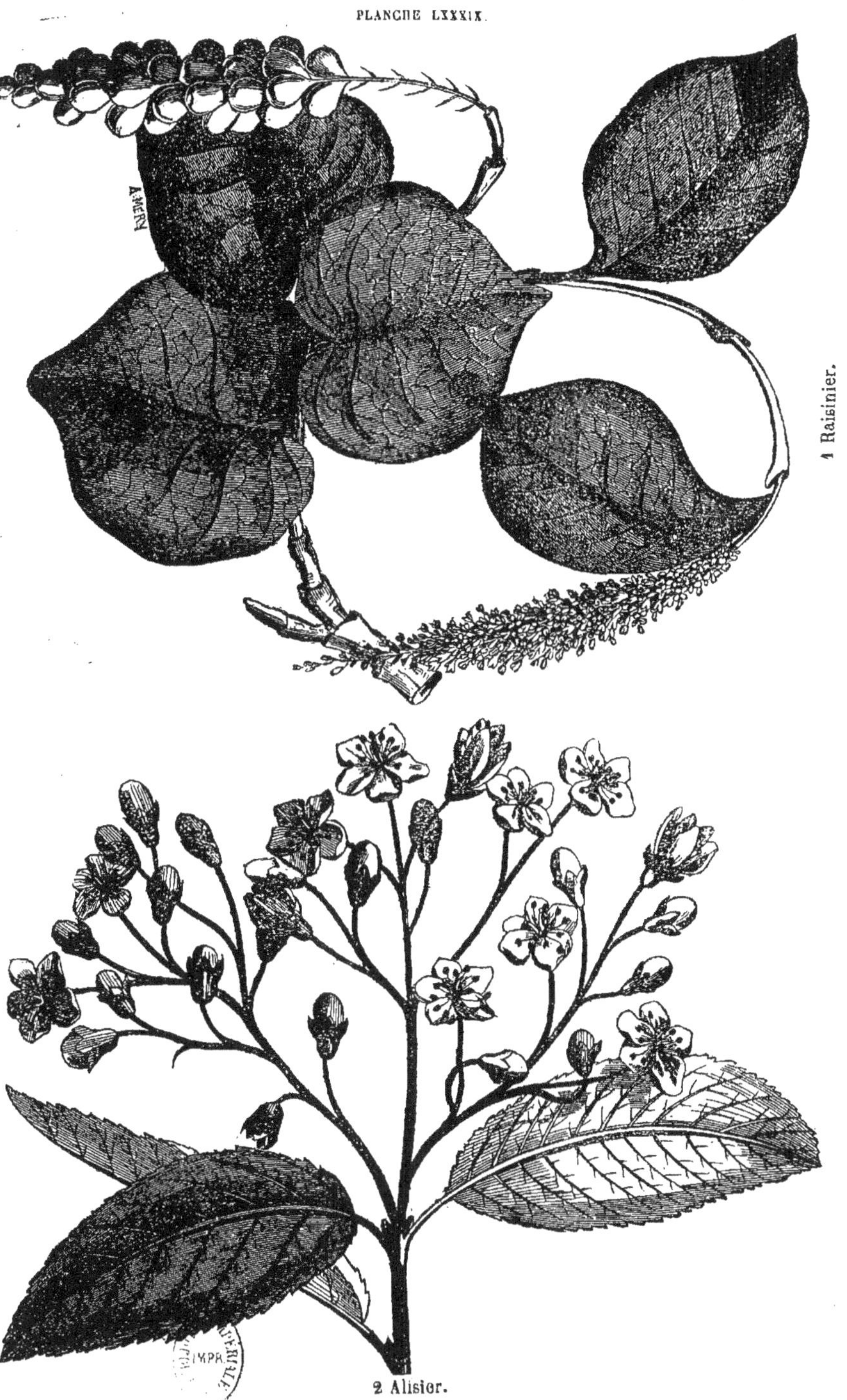

1 Raisinier.

2 Alisier.

PLANCHE XC.

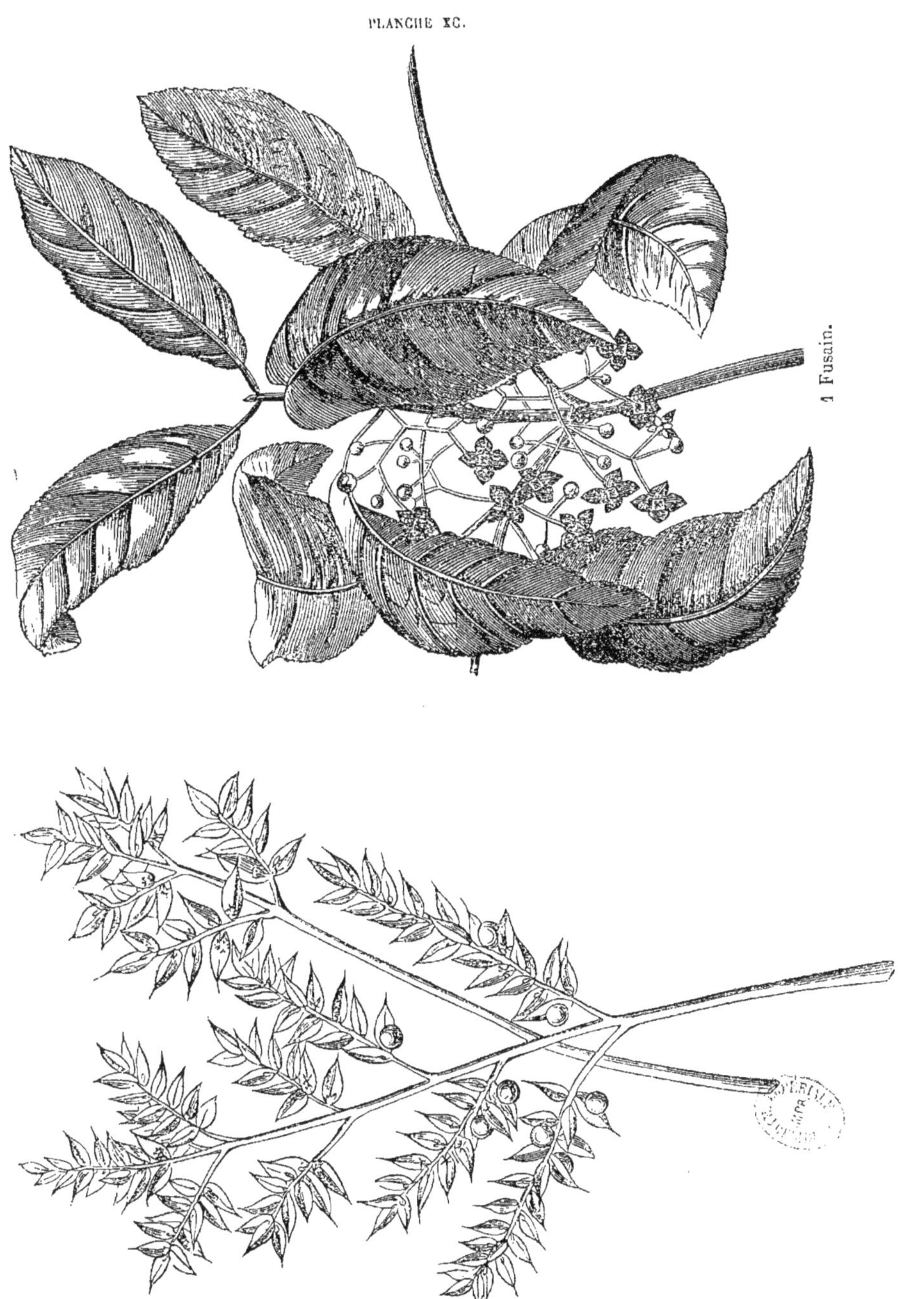

1 Fusain.

2 Houx fragon.

PLANCHE XCI.

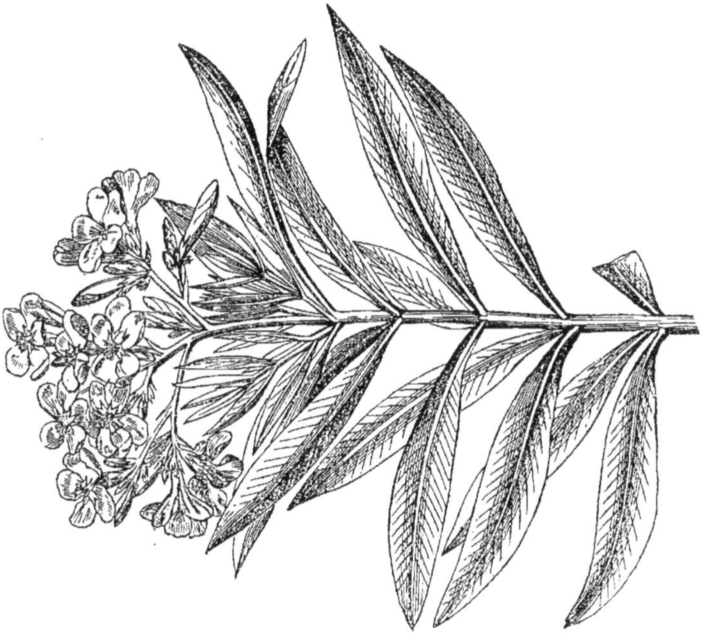

1 Laurier rose.

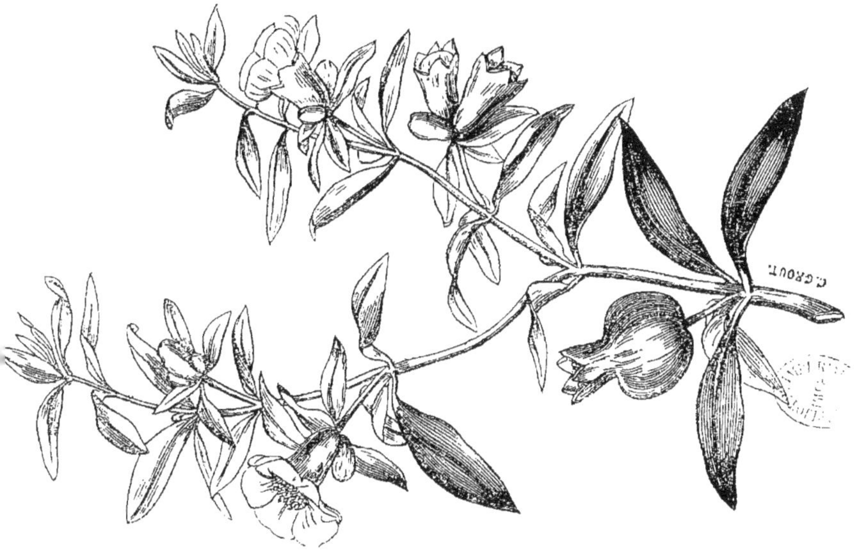

2 Grenadier.

PLANCHE XCII.

1 Érable Sycomore.

2 Ricin commun.

PLANCHE XCIII.

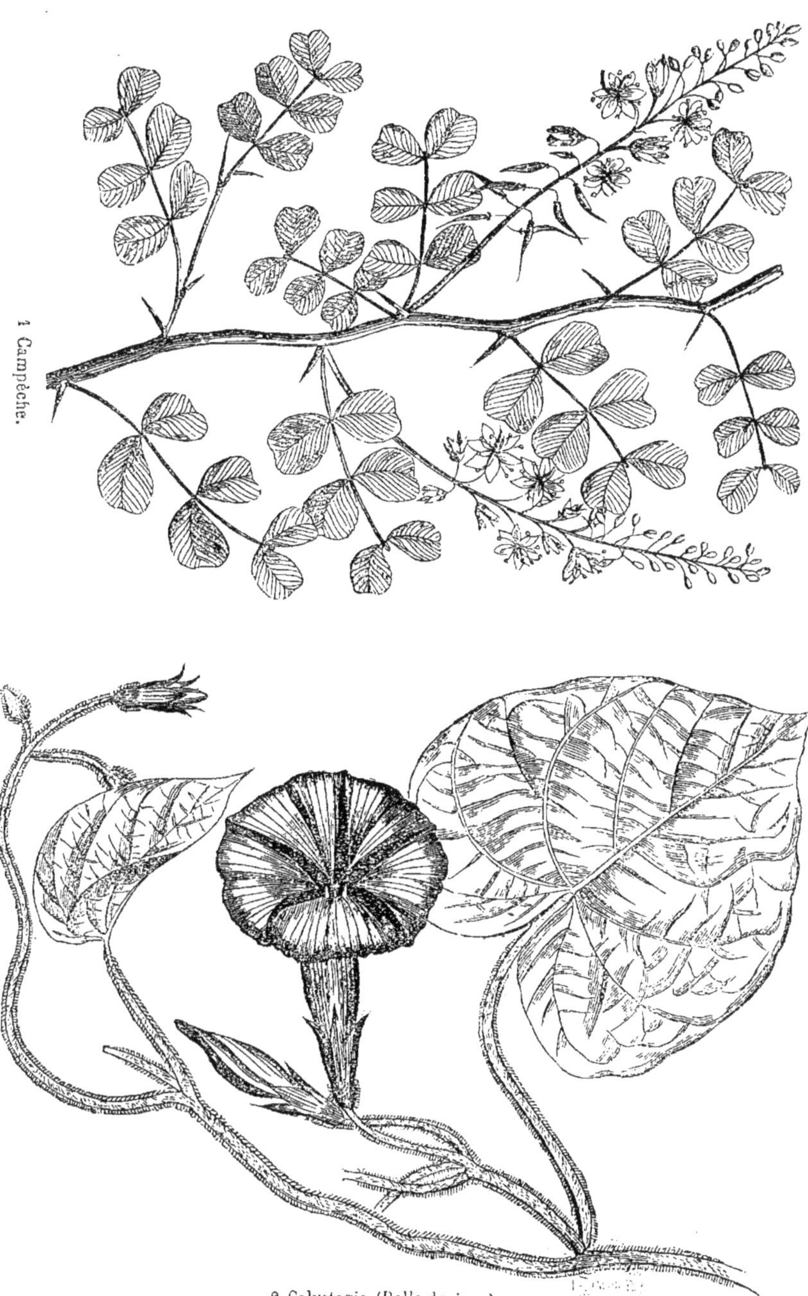

1 Campêche.

2 Calystegia (Belle de jour).

PLANCHE XCIV.

2 Polycarpon.

1 Polygala commun.

3 Ménisperme du Canada.

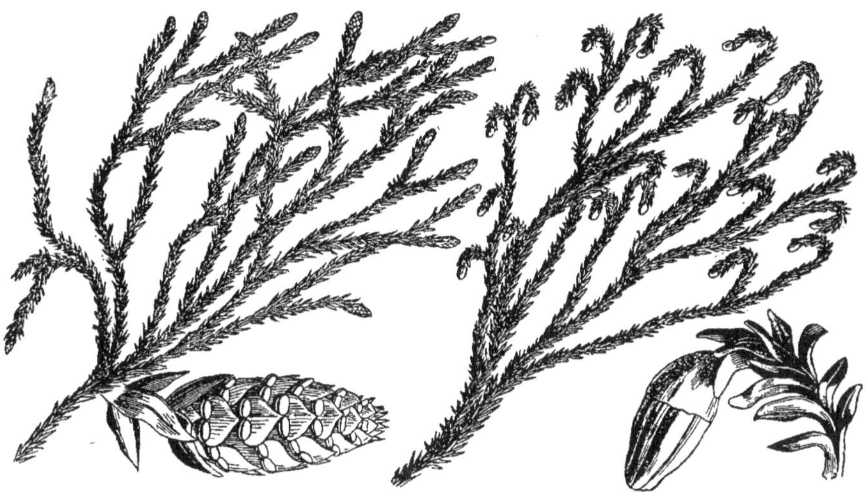

1 Dacrydium cupressinum.

2 Galega.

PLANCHE XCVI.

1 Primevère officinale.

2 Lin trygine.

PLANCHE XCVII.

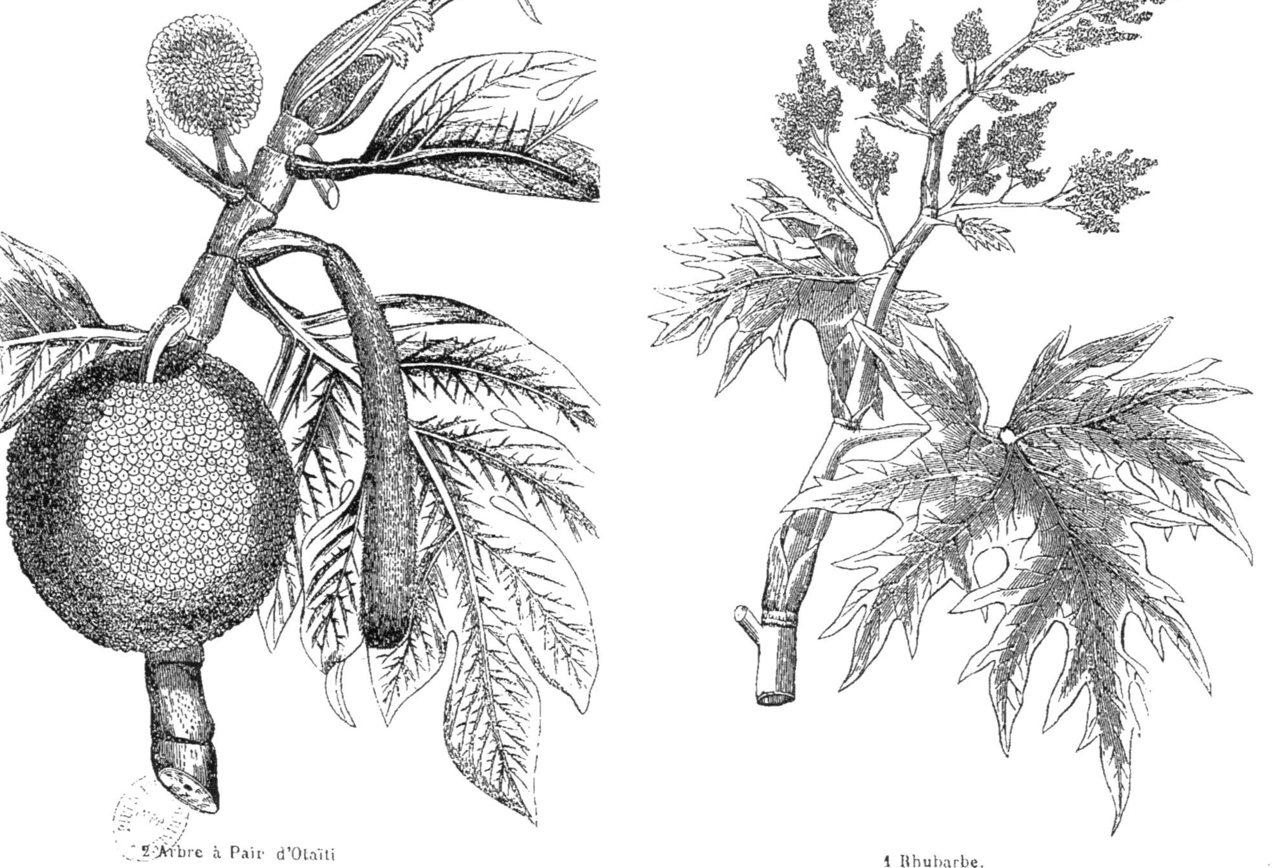

2 Arbre à Pair d'Otaïti

1 Rhubarbe.

PLANCHE XCVIII.

Myrte.

2 Siphonia elastica (Caoutchouc).

PLANCHE XCIV.

1 Sapin des Vosges.

2 Muflier des jardins.

PLANCHE C.

1 Chrysobalanus caco. 2 Ketmie.

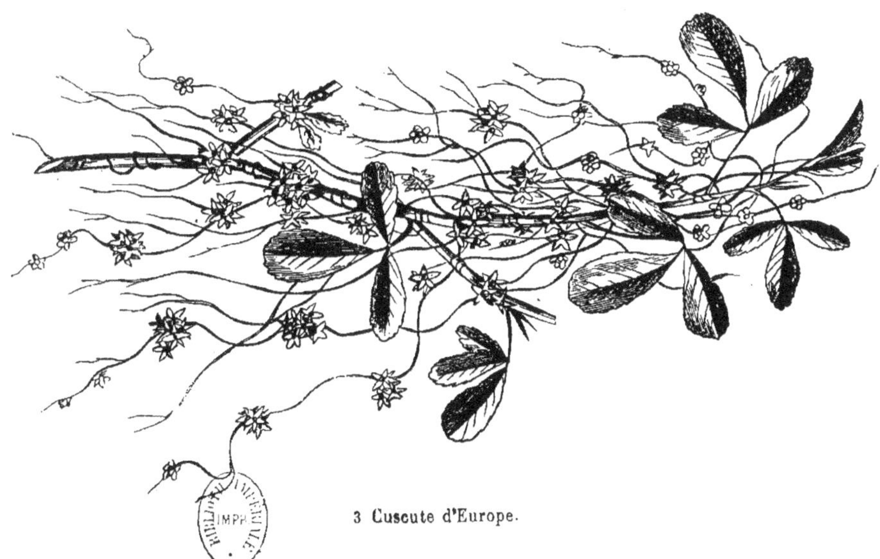

3 Cuscute d'Europe.

PLANCHE CI.

1 Saxifrage.

2 Pariétaire.

3 Redoul-Myrthyfeuil.

PLANCHE CII.

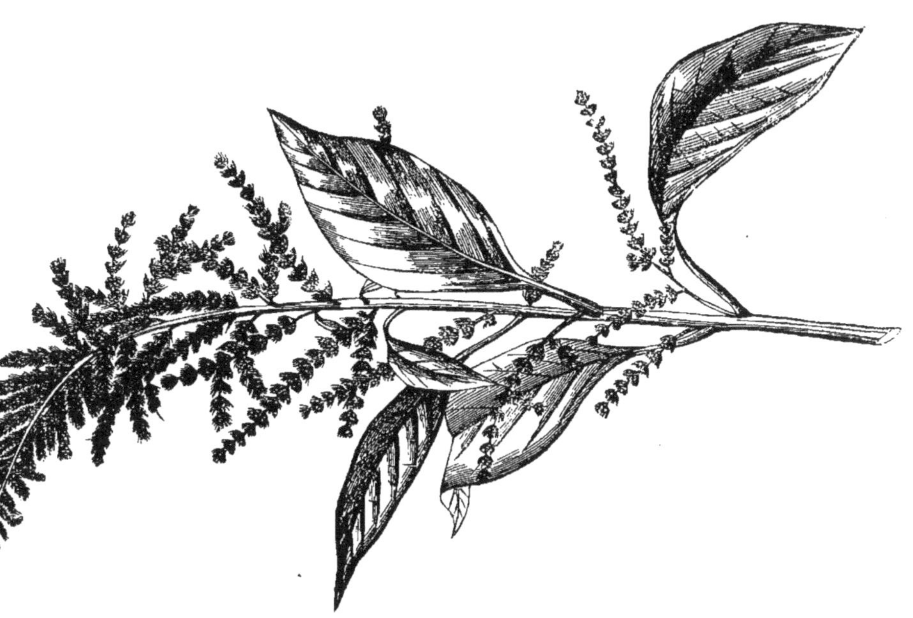

1 Amaranthe paniculée.

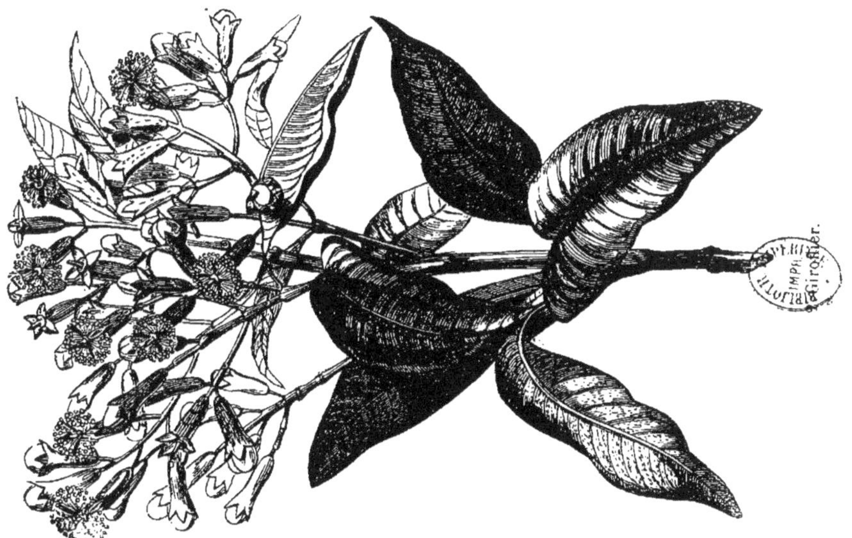

Giroflier.

PLANCHE CIII.

1 Saurure incliné.

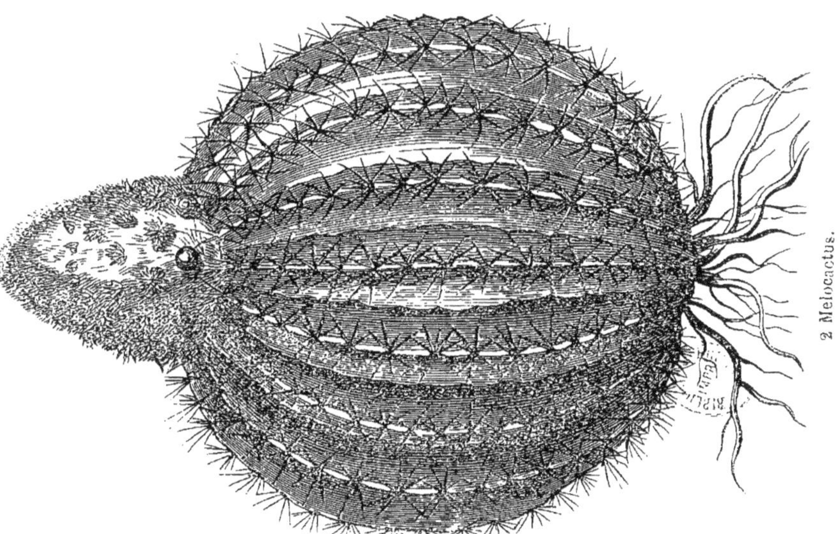

2 Melocactus.

Planche CIV.

1 Saule Marceau (femelle).

2 Réglisse.

PLANCHE CV.

1 Reseda lutea.

1 Ellebore blanc.

1 Camélia du Japon.

2 Lychnide à grandes fleurs.

3 Épine vinette.

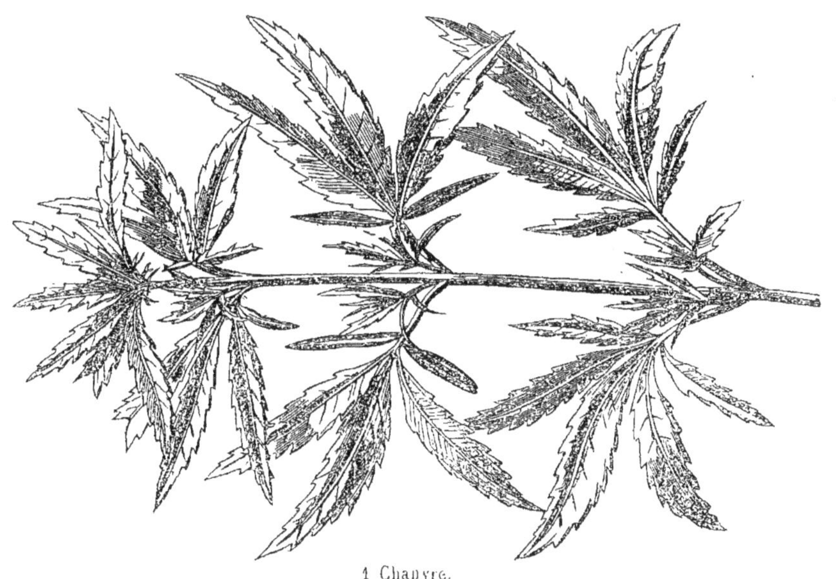

1 Chanvre.

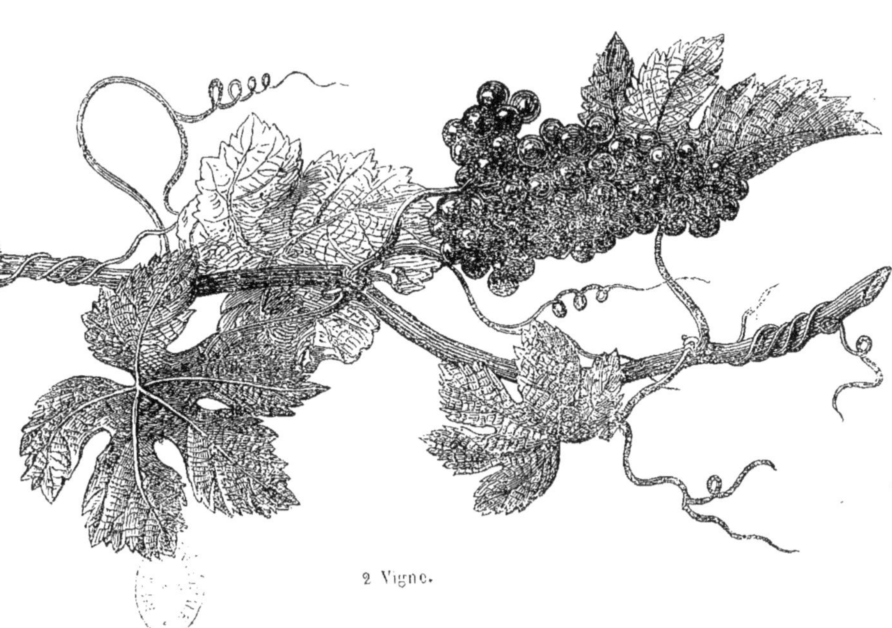

2 Vigne.

Planche CVIII.

1 Maïs cultivé.

PLANCHE CIX.

1 Ciste à feuille de Consoude.

2 Chalef.

3 Epurge

PLANCHE CX.

1 Hypociste. 2 Rocou.

3 Passiflore bleue

PLANCHE CXI.

1 Astrance.

2 Quassie amère.

PLANCHE CXII.

1 Sumac.

2 Figuier cultivé d'Argenteuil.

PLANCHE CXIII.

1 Amarantine.

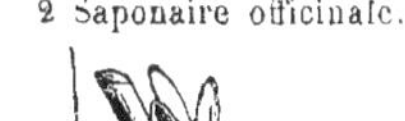

2 Saponaire officinale.

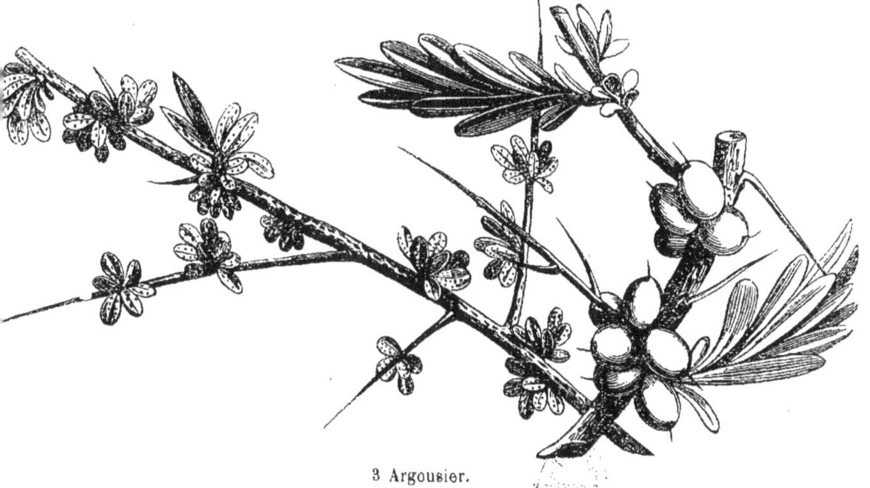

3 Argousier.

PLANCHE CXIV.

1 Thé bou.

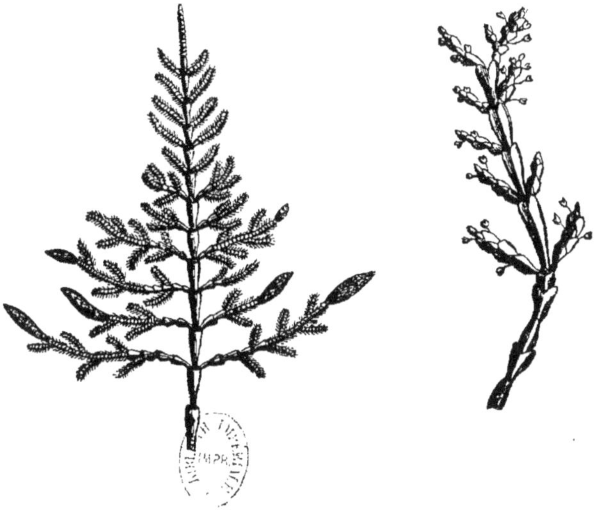

2—3 Salicorne.

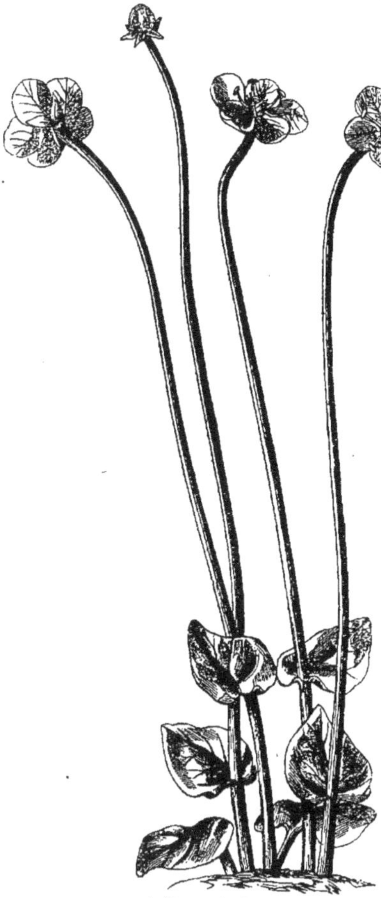

PLANCHE CXV.

2 Mormodique balsamine.

1 Parnasie des marais.

Claytonia.

Planche CXVI.

1 Oranger.

2 Cacaoyer.

Planche CXVII.

2 Anacarde, acajou.

1 Euphoria lit-chi.

PLANCHE CXVIII.

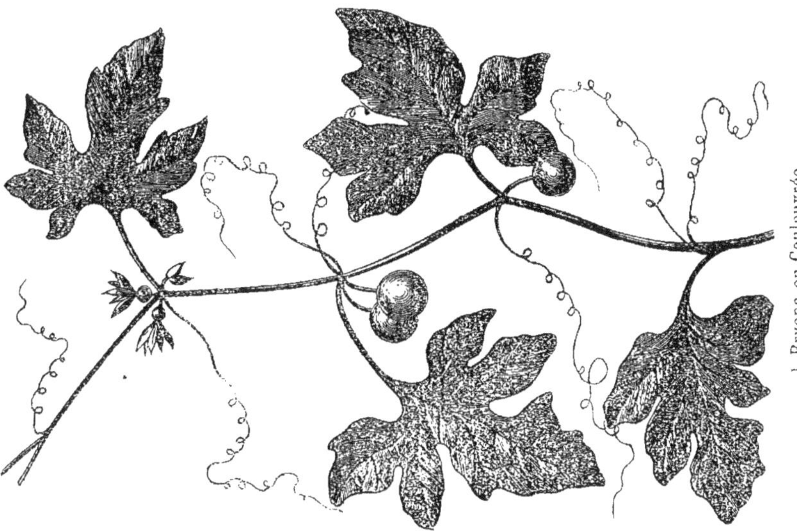

1 Bryone ou Couleuvrée.

2 Églantier.

PLANCHE CXIX.

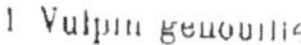

1 Vulpin genouillé

2 Capsule de grenade

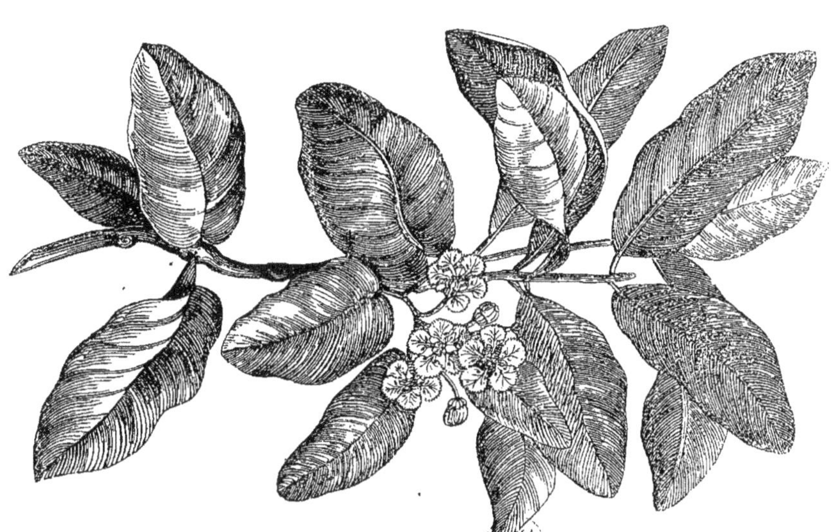

3 Malpighie à grandes feuilles.

PLANCHE CXX

1 Drymis de Winter.

2 Bananier.

PLANCHE CXXI.

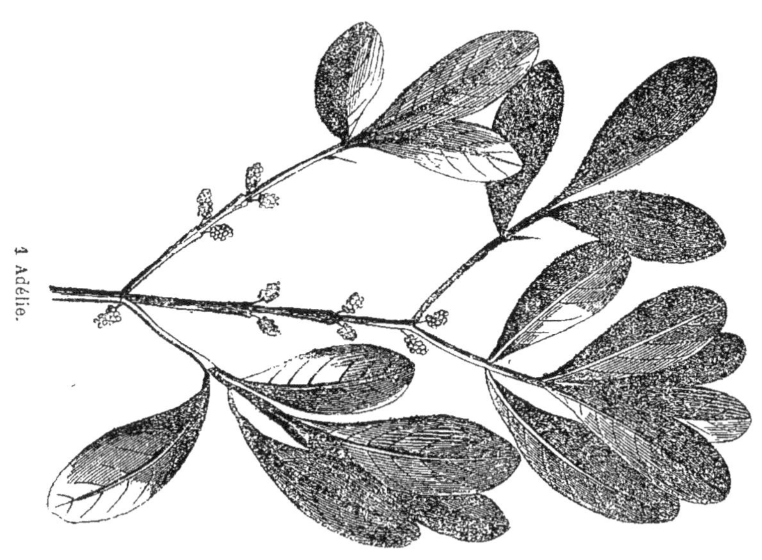

1 Adélie.

Planche CXXII.

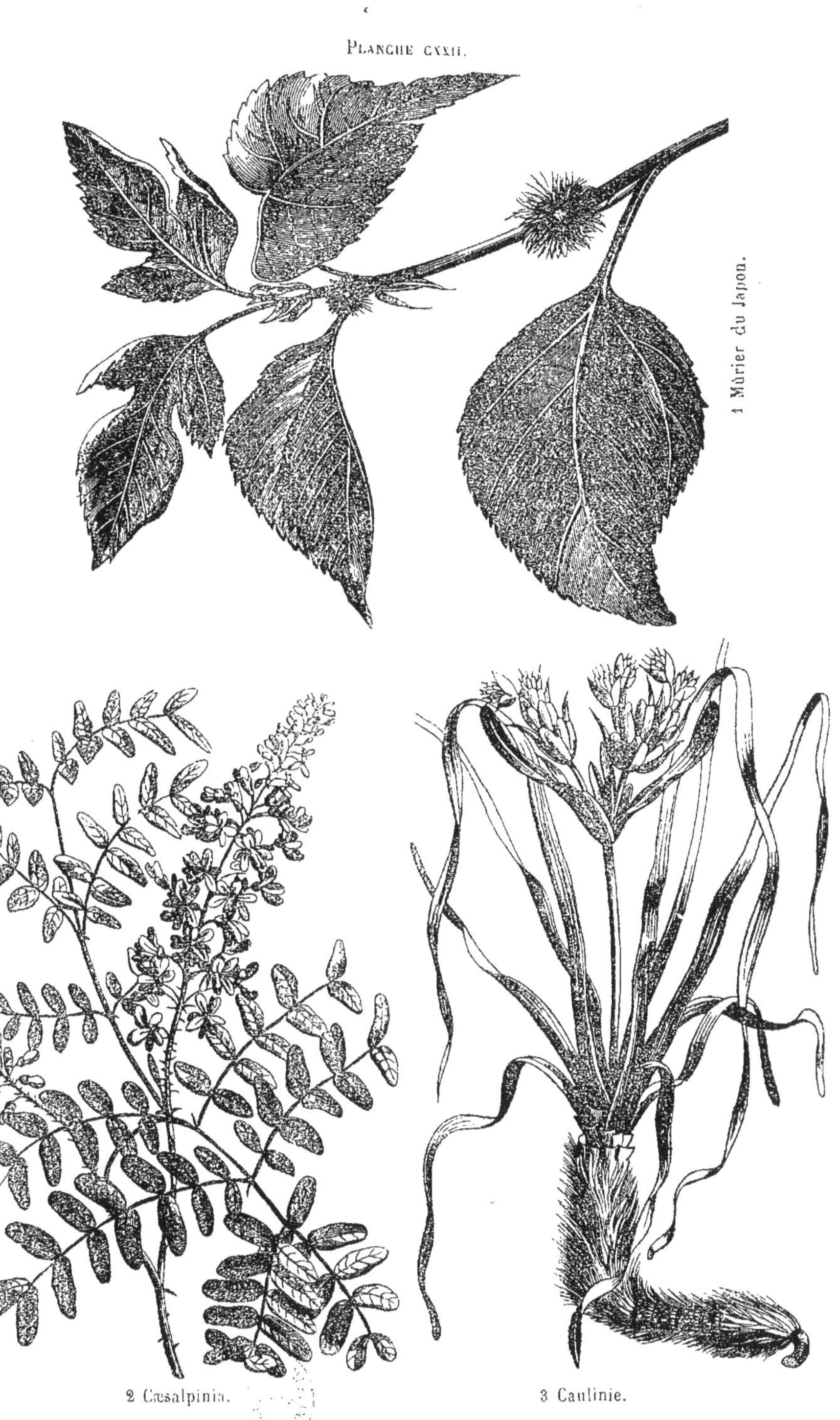

1 Mûrier du Japon.

2 Cæsalpinia.

3 Caulinie.

PLANCHE CXXIII.

1 Abricotier.

2 Sanicle.

PLANCHE CXXIV.

1 Mélèse.

2 Scirpus.

Groseiller épineux.

Planche CXXV.

1 Cotonnier.

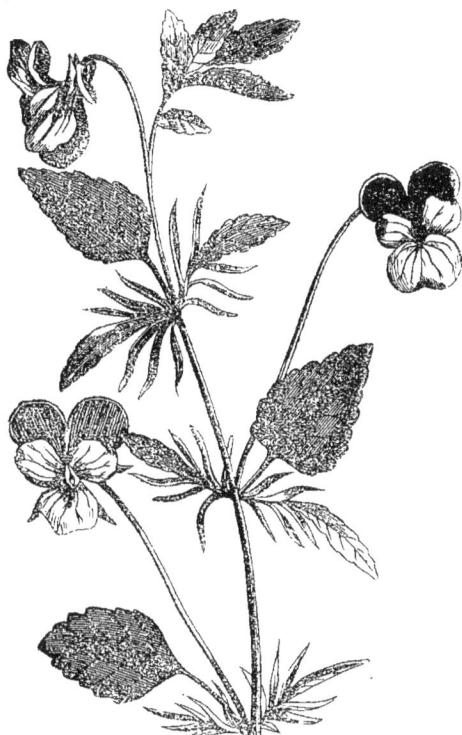

2 Pensée sauvage.

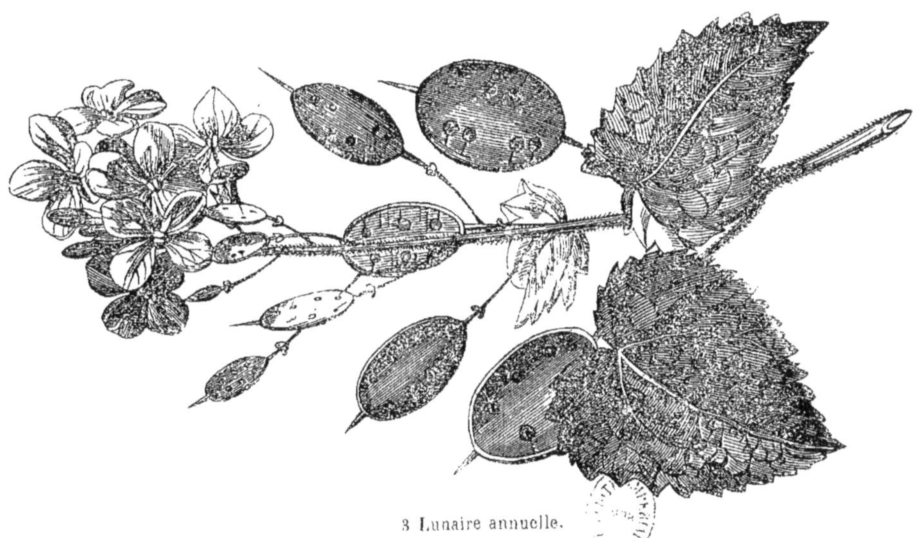

3 Lunaire annuelle.

PLANCHE CXXVI.

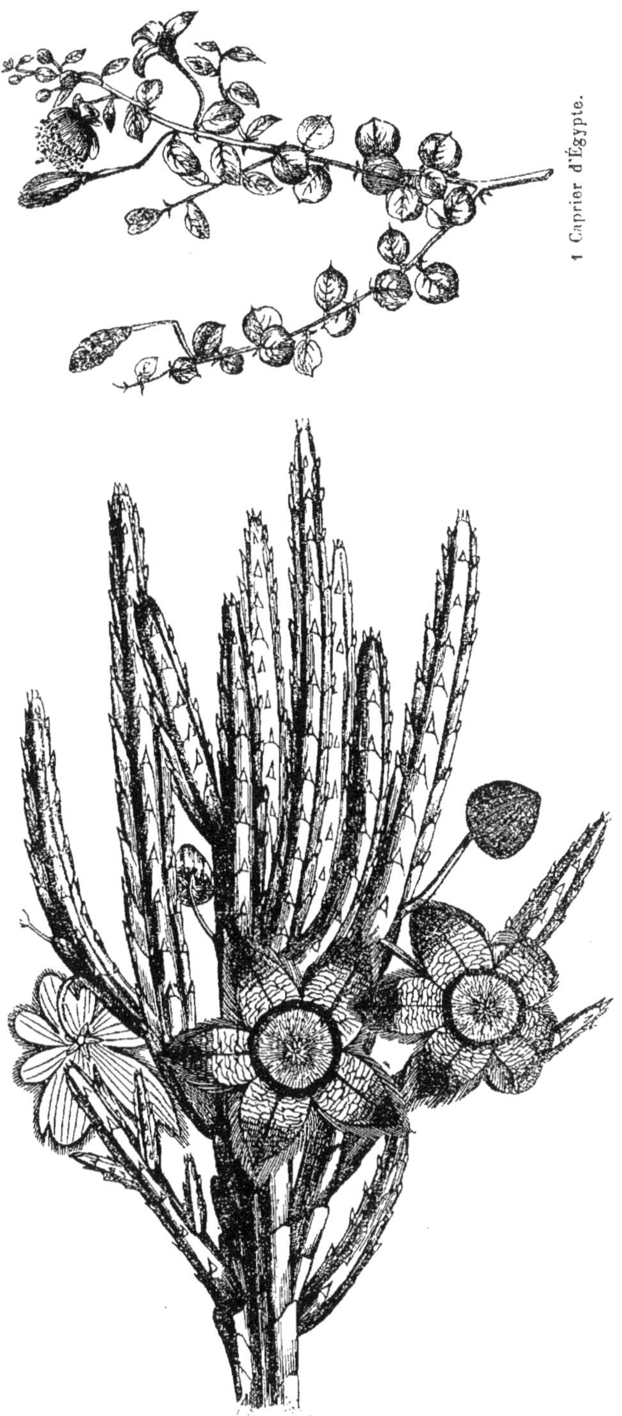

1 Caprier d'Égypte.

2 Stapelie crapaudine.

1 Pyrole à feuilles rondes.

Planche CXXVIII.

1 Herse à fleur de ciste.

2 Goyavier.

3 Buplèvre.

PLANCHE CXXIX.

3 et 4. Buis commun.

2. Giroflée jaune.

1 Alaterne.

PLANCHE CXXX.

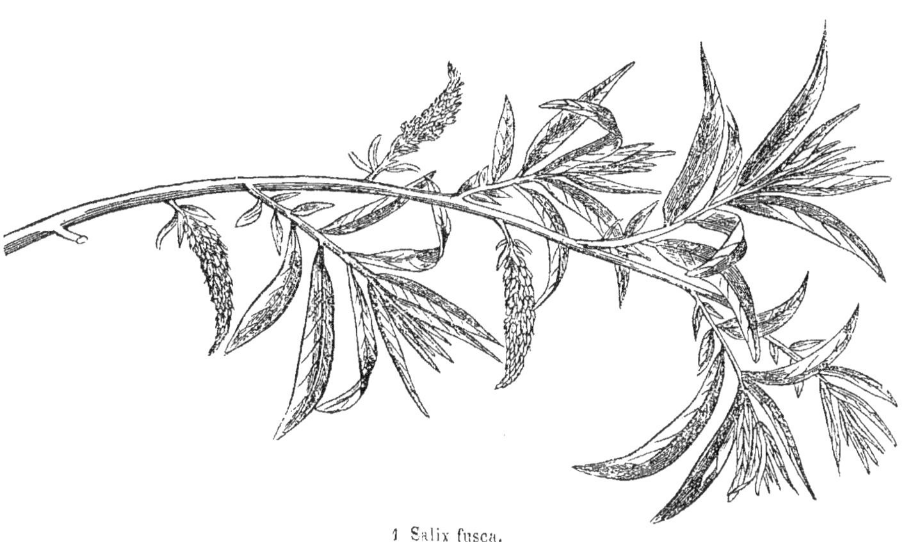

1 Salix fusca.

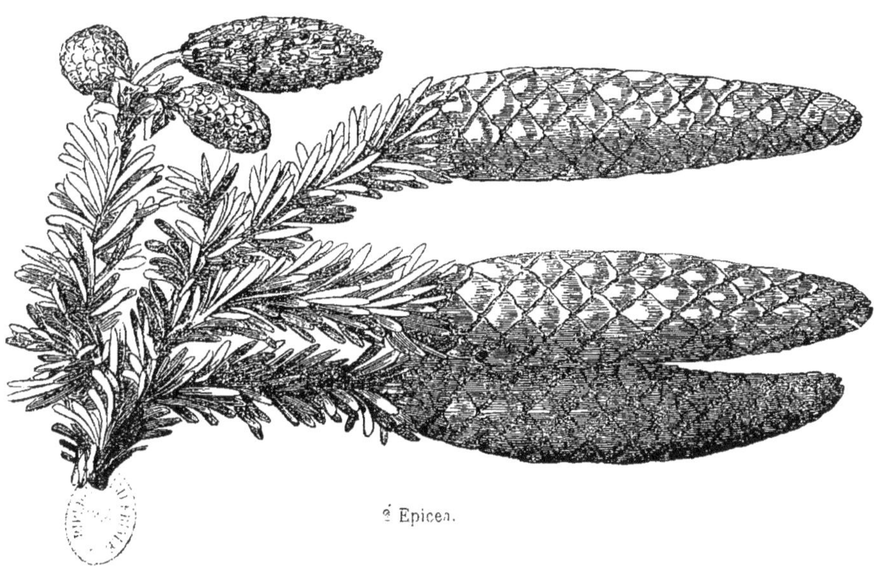

2 Epicea.

PLANCHE CXXXI.

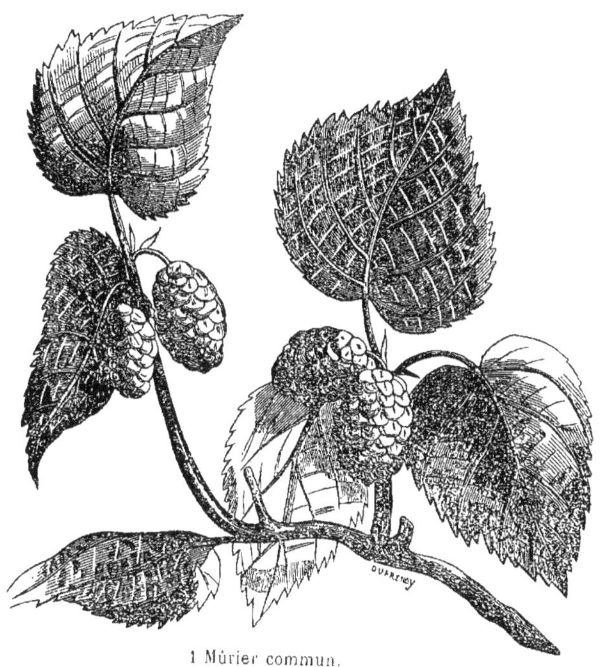

1 Mûrier commun.

2 Clématite.

PLANCHE CXXXII.

1 Houblon.

2 Indigotier.

PLANCHE CXXXIII.

1 Magnolier.

2. Daphne.

PLANCHE CXXXIV.

1 Geranium des prés.

2 Pommier d'Api.

PLANCHE CXXXV

1 Jussiæa à grandes fleurs.

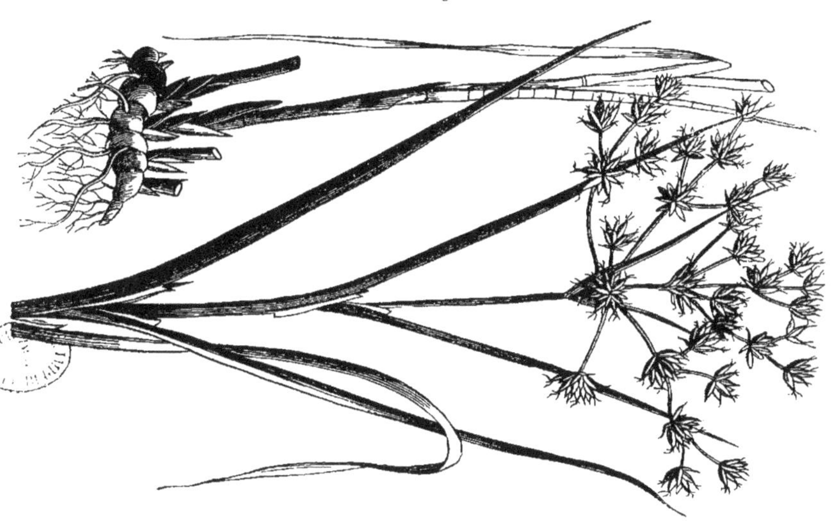

2 Jonc articulé.

PLANCHE CXXXVI.

1 Fabagelle.

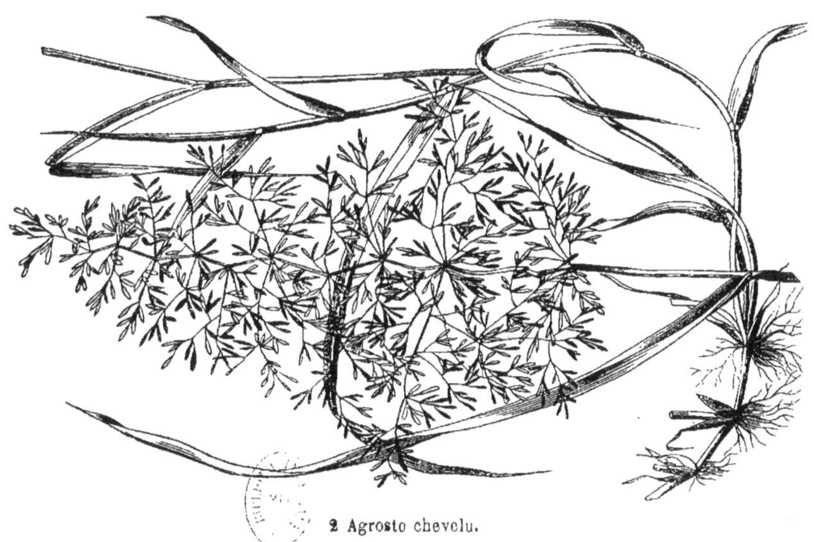

2 Agrosto chevelu.

1 Saule Marceau mâle.

PLANCHE CXXXVIII.

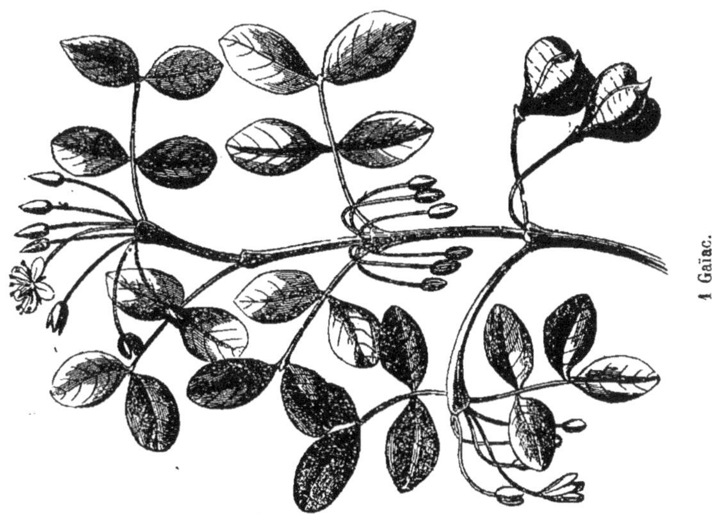

1 Gaïac.

2 Renoncule grande douve.

Planche cxxxix.

1 Stellaire.

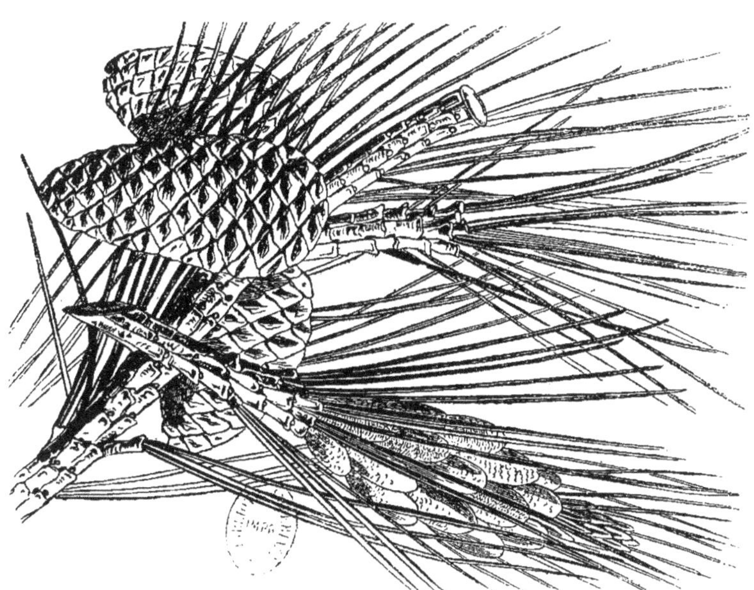

2 Pin maritime.

PLANCHE CXI.

1 Abrus precatorius.

2 Tilleul.

Planche CXLI.

Solandre à grandes fleurs.

PLANCHE CXLII.

Paronique.

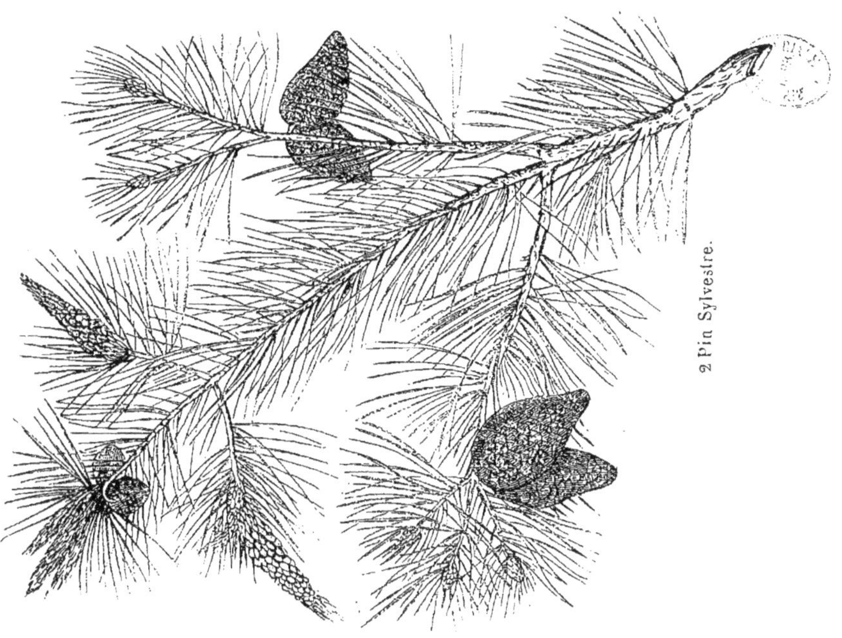

2 Pin Sylvestre.

PLANCHE CXLIII.

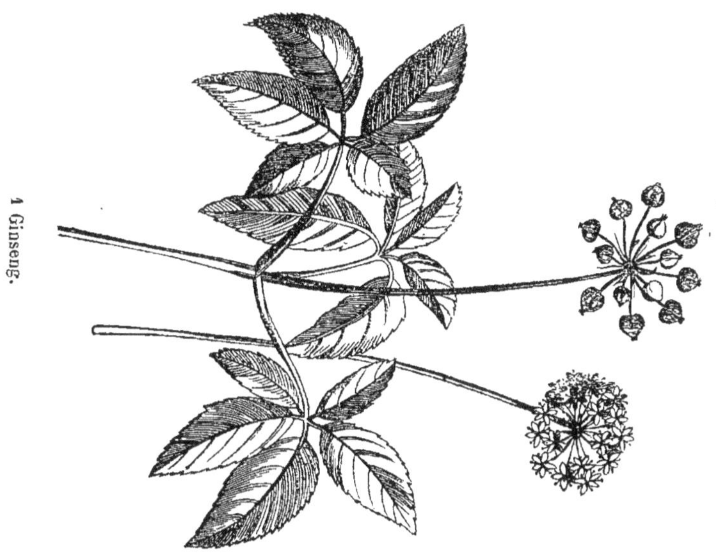

1 Ginseng.

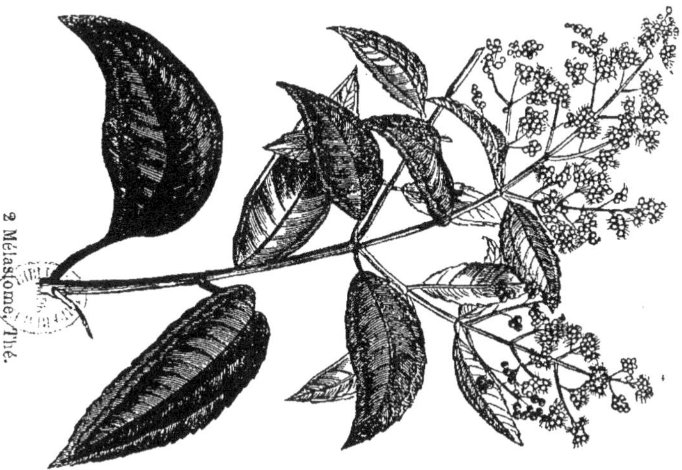

2 Mélastome, Thé.

Planche CXLIV.

1 Pistachier.

PLANCHE CXLV.

1 Alchemille.

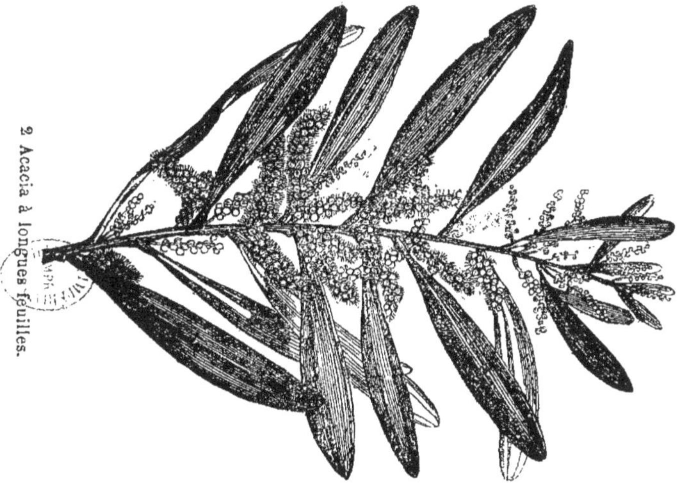

2 Acacia à longues feuilles.

1 Dentaire à cinq feuilles.

Planche CXLVII.

1 Cornouiller mâle.

Planche CXLVIII.

1 Chrysanthème des Indes.

Planche CXLIX.

1 Rose de Jéricho.

PLANCHE CL.

1 Cycas des Indes (mâle)

PLANCHE CLI.

1 Cycas des Indes (femelle).

1 Doum de la Thébaïde.

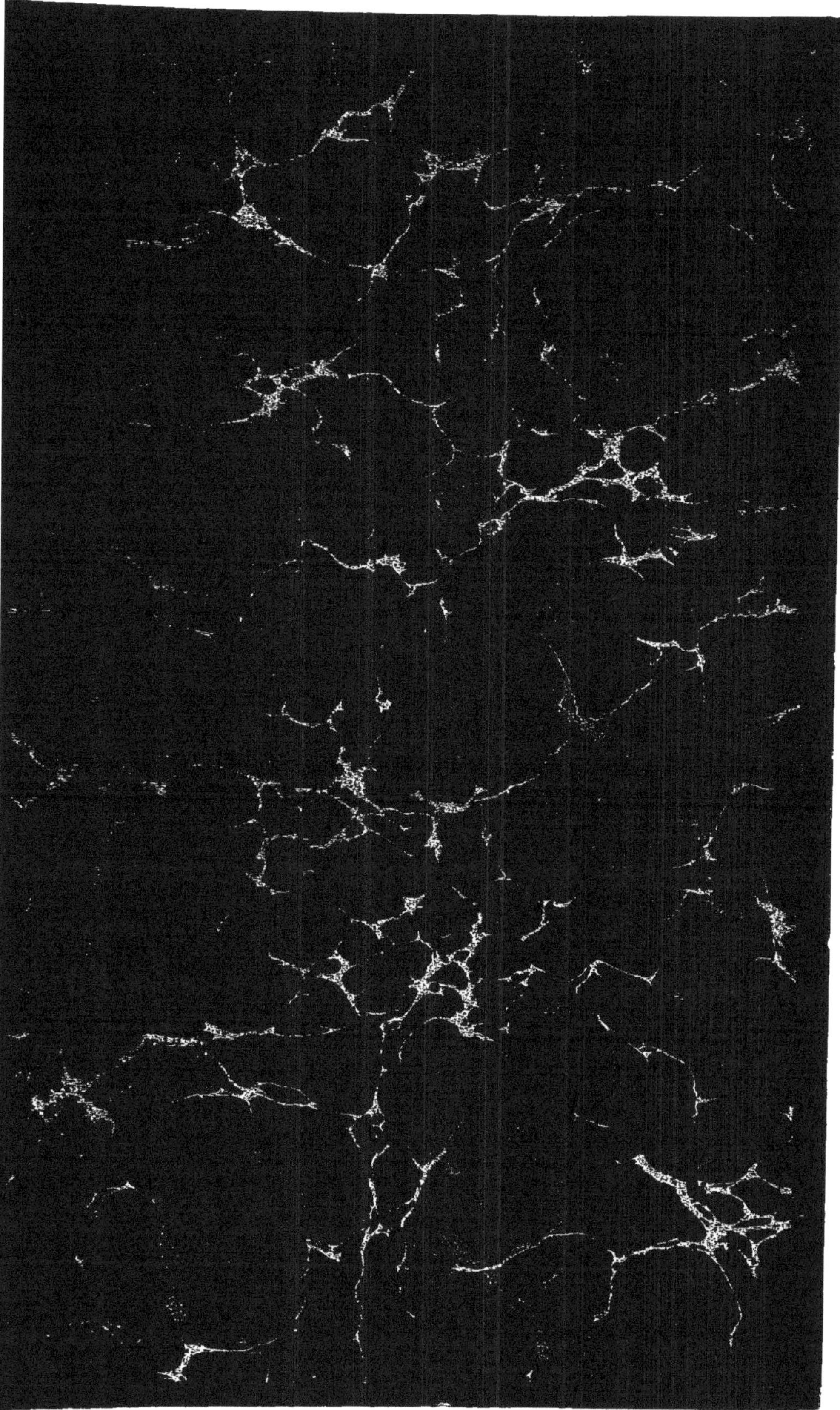

www.ingramcontent.com/pod-product-compliance
Lightning Source LLC
Chambersburg PA
CBHW060135200326
41518CB00008B/1041

9782013745529